重型零件数控加工案例

主　编　张永红　　王智敏　　张志勇
　　　　朱耀华　　杨　旭　　王国彪

北京理工大学出版社
BEIJING INSTITUTE OF TECHNOLOGY PRESS

内 容 简 介

本书以实际产品数控加工为例，详细介绍了 NX CAM 在重型零件数控加工方面的典型应用。本书结构严谨、内容丰富、条理清晰、实例典型，所选的每个范例都是实际生产过的产品零件。本书内容从 NX 数控加工技术的基础，到 3 轴、3＋1 轴、3＋2 轴、多轴加工等编程应用选例，每章节从工艺分析、加工工艺方案设计、各种数控编程策略及方法步骤、刀具路径验证等方面进行详细描述，是一本很好的 NX CAM 应用指导教程和参考手册，尤其在大、重型零件加工方面，是一本学习的好经验教材。

本书适合具备一定 NX CAM 应用基础的读者学习使用，也可供从事机械制造的工程技术人员、数控机床操作人员参考，另外，本书也适合作为各职业培训机构、大中专院校相关专业 CAD/CAM 课程的培训教材。

版权专有　侵权必究

图书在版编目 (CIP) 数据

重型零件数控加工案例 / 张永红等主编 . － － 北京：

北京理工大学出版社，2022.7

ISBN 978 - 7 - 5763 - 1534 - 9

Ⅰ . ①重…　Ⅱ . ①张…　Ⅲ . ①数控机床 - 车床 - 零部

件 - 加工 - 案例　Ⅳ . ①TG519.1

中国版本图书馆 CIP 数据核字 (2022) 第 130745 号

出版发行 / 北京理工大学出版社有限责任公司

社　　址 / 北京市海淀区中关村南大街 5 号

邮　　编 / 100081

电　　话 / (010) 68914775 (总编室)

　　　　　(010) 82562903 (教材售后服务热线)

　　　　　(010) 68944723 (其他图书服务热线)

网　　址 / http://www.bitpress.com.cn

经　　销 / 全国各地新华书店

印　　刷 / 三河市龙大印装有限公司

开　　本 / 787 毫米 × 1092 毫米　1/16

印　　张 / 20.75

字　　数 / 484 千字

版　　次 / 2022 年 7 月第 1 版　2022 年 7 月第 1 次印刷

定　　价 / 99.00 元

责任编辑 / 张鑫星

文案编辑 / 张鑫星

责任校对 / 周瑞红

责任印制 / 李志强

图书出现印装质量问题，请拨打售后服务热线，本社负责调换

序 言

我在西门子的 15 年工作经历中，与中信重工有着深厚的渊源和情谊。2006 年，我刚入职西门子不久，就到中信重工机械股份有限公司做了一次关于 NX CAM 的应用培训，张永红张工与我交流了几个 NX CAM 软件在实际零件加工中的问题，问题非常切合实际，给我留下了深刻的印象。之后，西门子工业软件公司的张振亚工程师和刘其荣工程师也都在不同的时间节点到过中信重工进行过相关的技术沟通交流。时隔十年，在 2016 年的西门子用户大会上，我再次偶遇了张工，我俩非常投机地聊了 NX CAM 软件的新功能、行业发展新趋势，以及工作中遇到的零部件编程加工新问题等。2017—2020 年，我和包括张工在内的数控工艺研究所技术团队的杨旭工程师和朱耀华工程师一起合作完成了特种机器人制造智能化工厂项目和中信重工无纸化项目两个项目中的三维数字化工艺单元的内容，这中间得到了矿研院领导王智敏院长和创新院弯勇院长以及智能制造团队王勇主任的帮助，当然其中一些关键的工艺内容还得到了中信重工负责生产和技术的领导张志勇、郝兵两位老总的会商和研究支持。在此我向他们的钻研精神和严谨态度一并致意。直到今天，我和张工团队仍然在持续针对三维零件工艺的难点，CAPP 与三维结构化工艺的差异，NX CAM 编程高级应用技巧等技术话题进行沟通、交流和探索，希望我们能够在一些重大的科研攻关项目中以及关键数控工艺改进方面做出一些自己的力所能及的事情。

张工团队对 NX CAM 的应用非常熟练，结合工作中的重型零件的加工经验，这本书的出版也是水到渠成。整本书基于西门子工业软件公司的 NX1847 版本，从数控加工工艺概述到 NX 数控加工技术详述，然后采用实际案例进行详细举例说明，非常有实际加工指导意义，是不可多得的针对重型产品的 NX CAM 编程及加工的技术应用书籍，甚至可以作为 NX CAM 用户的实例教程。从第 3 章开始，以重工行业的不同类型的零件为例，详述了从粗加工到精加工在 NX CAM 中编程的操作全过程，同时还融入了实际的切削参数的经验值，以及零件的工艺分析和加工难点、特点分析。

其中的气体接管零件案例，是一个车削和铣削结合加工的案例，目前 NX CAM 车削加工编程应用得好的客户并不多见，可见张工技术团队是下了功夫的。另外一个 1/6 分瓣端盖的案例，是一个相对较复杂的多工位加工的实例，而且工件尺寸大、余量大且不均匀，有一定的加工难度，既要考虑加工质量又要考虑加工效率，张工团队从工艺分析到加工方案的制定从容不迫，有着非常强的实践经验。编程过程中，通过对多工位加工坐标系的定义，对 NX CAM 的各种复杂驱动策略的应用，并且一边编程一边完成刀轨仿真验证。

这段跨越了十几个 NX 版本和十几个年头的时间沉淀与情谊，让我非常荣幸能够为张永红张工团队的这本"重型零件数控加工案例"作序，感谢信任，感谢一路以来的学习探讨和共同成长。

西门子工业软件有限公司
蔡雪梅
2022 年 5 月 20 日

前　言

　　主编正高级工程师张永红自 1999 年 5 月开始使用 NX（UG）软件已有 20 多年，从轮胎模具加工、汽车覆盖件模具设计与制造到大型重型零件的数控加工以及航空航天精密件的加工，均能熟练应用 NX CAD/CAM，具有丰富的数控加工经验。2018 年 7 月机缘巧合与郑州航空工业管理学院高长银教授，达成校企合作开发重型零件数控加工案例教材的意愿。为此组织中信重工机械股份有限公司洛阳矿山机械工程设计研究院数控工艺研究所主要人员合作编著本书，为国家职业教育机械行业工程技术人员提供参考及作为培训教材。

　　在此期间中信重工机械股份有限公司领导张志勇、洛阳矿山机械工程设计研究院领导王智敏不仅大力支持而且参与了编制工作，数控工艺研究所所长张永红负责选题及全书统稿，高长银教授审定。

　　本书共有 6 章，第 1 章、第 2 章为基础技术，第 3 章～第 6 章为重型零件加工实例，王智敏正高工编制了第 1 章、第 2 章；张志勇高工编制了第 3 章，第 4 章 4.1 节、第 5 章5.1、第 6 章 6.1 节；朱耀华高工编制了第 6 章 6.2 节，杨旭高工编制了第 4 章 4.2 节，王国彪工程师编制了第 5 章 5.2 节。

　　本书编写过程中，还得到了河南聚合科技有限公司王路宽总经理、西门子工业软件有限公司蔡雪梅高级工程师的大力支持和帮助，为本书提供了宝贵的意见和建议，在此深表感谢。

　　虽然编者本着认真负责的态度，力求精益求精，但由于水平有限，书中不足之处在所难免，敬请读者不吝赐教，以便及时修正、以臻完善，不胜感激。

编　者

2022 年 10 月

目　录

第1章 数控加工工艺概述

在数控自动编程之前都需要对零件的图样进行数控加工工艺分析，以确定所要加工零件的方法、加工余量、夹具、装夹工件，从而来确定加工工件的加工顺序，各工序所用到的刀具、夹具和切削用量等，来达到高效率的加工工件。本章将介绍数控加工理论知识，包括数控加工的基本概念、数控加工原理和应用范围、数控加工工作过程。

 项目分解

- ◆ 数控加工坐标系
- ◆ 数控加工刀具
- ◆ 数控加工切削用量
- ◆ 数控加工工艺路线

1.1 数控加工坐标系

进行数控加工首先要了解控制轴和加工坐标系的相关知识，下面加以简单介绍。

1.1.1 控制轴

由数控系统控制的机床运动轴称为控制轴，如图 1-1 所示。数控机床通过各个移动件的运动产生刀具与工件之间的相对运动来实现切削加工。为表示各移动件的移动方位和方向（机床坐标轴），在 ISO 标准中统一规定采用右手直角笛卡儿坐标系对机床的坐标系进行命名，直线轴用 X、Y、Z 表示，旋转轴用 A、B、C 分别表示绕 X、Y、Z 的旋转轴。

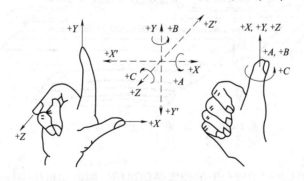

图 1-1 数控系统的控制轴

确定机床坐标轴，一般是先确定 Z 轴，再确定 X 轴和 Y 轴。

1. 确定 Z 轴

对于有主轴的机床，如车床、铣床等则以机床主轴轴线方向作为 Z 轴方向。对于没有主轴的机床，如刨床则以与装卡工件的工作台相垂直的直线作为 Z 轴方向。如果机床有几个主轴，则选择其中一个与机床工作台面相垂直的主轴作为主要主轴，并以它来确定 Z 轴方向。

2. 确定 X 轴

X 轴一般位于与工件安装面相平行的水平面内。对于机床主轴带动工件旋转的机床，如车床、磨床等，则在水平面内选定垂直于工件旋转轴线的方向为 X 轴，且刀具远离主轴轴线方向为 X 轴的正方向。对于机床主轴带动刀具旋转的机床，当主轴是水平的，如卧式铣床、卧式镗床等，则规定人面对主轴，选定主轴左侧方向为 X 轴正方向；当主轴是竖直时，如立式铣床、立式钻床等，则规定人面对主轴，选定主轴右侧方向为 X 轴正方向。对于无主轴的机床，如刨床则选定切削方向为 X 轴正方向。

3. 确定 Y 轴

Y 轴方向可以根据已选定的 Z、X 轴方向，按右手直角坐标系来确定。

1.1.2 加工坐标系

1. 机床坐标系

刀轨是用很多坐标点来表示的，数控系统驱动刀具从一个坐标点到另一个坐标点，只有坐标点与工件之间是切削位置关系，刀具进给才会切削工件，因此坐标点和工件的相对位置要用一个坐标系来描述。所以每台数控机床都有一个如图 1-2 所示的 $X_0 Y_0 Z_0$ 坐标系，该坐标系称为机床坐标系，机床坐标系的原点 O_0 由生产厂家出厂前设定，一般固定不变。

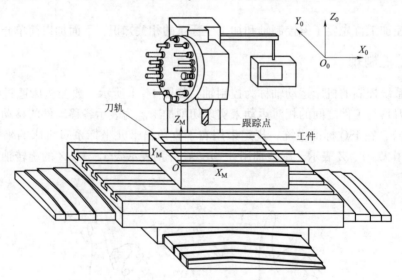

图 1-2　工件原点、编程原点和机械原点

2. 加工坐标系

实际加工中工件装夹到工作台上的位置是随机的，因此用机床坐标系无法事先确定刀轨与工件的位置关系，也就是说工件还没有就位，就无法用机床坐标系确定刀轨与工件的切削位置关系。为了解决这个问题就要设置相对坐标系，或者称为加工坐标系，有的称为工作坐

标系。

编程时计算机里面已准备了工件模型，在模型上找三个相互垂直面为加工基准面，以三个加工基准面的交点为原点建立 $X_\mathrm{M} Y_\mathrm{M} Z_\mathrm{M}$ 加工坐标系，编程时先用加工坐标系确定刀轨与工件模型的切削位置关系。

加工时真实的工件摆放到装夹工作台上，参照工件模型在真实工件上同样建立加工基准面和加工坐标系，使加工坐标系与机床坐标系的方向一致，如图 1-2 所示。接着通过对刀让机床知道加工坐标系原点在机床坐标系的位置。对完刀就自然确定了刀轨在机床坐标系的位置，如刀轨在加工坐标系的位置为 (x, y, z)，加工坐标系原点在机床坐标系的位置为 $(-X, -Y, -Z)$，则刀轨在机床坐标系的位置坐标为 $(-X+x, -Y+y, -Z+z)$。

设置了加工坐标系后可以撤开机床坐标系，在虚拟的计算机里先行完成编程，然后用对刀把加工坐标系的随机位置告诉机床，间接确定了刀轨在机床坐标系的位置，从而解决了工件随机装夹无法事先确定刀轨在机床坐标系中位置的问题。

1.2　数控加工刀具

刀具是数控多轴加工技术的关键之一，只有好的多轴加工机床，没有适合多轴加工的刀具也不能充分发挥机床的功能。

1.2.1　数控铣削刀具的基本要求

1. 铣刀刚性要好

一是为提高生产效率而采用大切削用量的需要；二是为适应数控铣床加工过程中难以调整切削用量的特点。例如，当工件各处的加工余量相差悬殊时，通用铣床遇到这种情况很容易采取分层铣削方法加以解决，而数控铣削就必须按程序规定的走刀路线前进，遇到余量大时无法像通用铣床那样"随机应变"，除非在编程时能够预先考虑到，否则铣刀必须返回原点，用改变切削面高度或加大刀具半径补偿值的方法从头开始加工，多走几刀。但这样势必造成余量少的地方经常走空刀，降低了生产效率，如果刀具刚性较好就不必这么办。再者，在通用铣床上加工时，若遇到刚性不强的刀具，比较容易从振动、手感等方面及时发现并及时调整切削用量加以弥补，而数控铣削时则很难办到。在数控铣削中，因铣刀刚性较差而断刀并造成工件损伤的事例是常有的，所以解决数控铣刀的刚性问题是至关重要的。

2. 铣刀的耐用度要高

尤其是当一把铣刀加工的内容很多时，如刀具不耐用而磨损较快，就会影响工件的表面质量与加工精度，而且会增加换刀引起的调刀与对刀次数，也会使工作表面留下因对刀误差而形成的接刀台阶，降低了工件的表面质量。

除上述两点之外，铣刀切削刃的几何角度参数的选择及排屑性能等也非常重要，切屑粘刀形成积屑瘤在数控铣削中是十分忌讳的。总之，根据被加工工件材料的热处理状态、切削性能及加工余量，选择刚性好、耐用度高的铣刀，是充分发挥数控铣床的生产效率和获得满意的加工质量的前提。

1.2.2 刀具材料

刀具材料对刀具使用寿命、加工效率、加工质量和加工成本都有很大影响，因此必须合理选择。常用的刀具材料包括以下几种：

1. 高速钢

高速钢全称高速合金工具钢，也称为白钢，19世纪研制而成。高速钢是含有较多钨、钼、铬、钒等元素的高合金工具钢。其具有较高的硬度（热处理硬度达HRC62～67）和耐热性（切削温度可达550～600℃），切削速度比碳素工具钢和合金工具钢高1～3倍（因此而得名），刀具耐用度高10～40倍，甚至更多，可以加工从有色金属到高温合金广泛的材料。

2. 硬质合金

硬质合金是用高耐热性和高耐磨性的金属碳化物（碳化钨、碳化铁、碳化钽、碳化铌等）与金属黏结剂（钴、镍、钼等）在高温下烧结而成的粉末冶金制品。常用的硬质合金有钨钴类（YG类）、钨钛钴类（YT类）和通用硬质合金（YW类）3类。

（1）【钨钴类硬质合金（YG类）】：主要由碳化钨和钴组成，抗弯强度和冲击韧性较好，不易崩刃，很适宜切削切屑呈崩碎状的铸铁等脆性材料；YG类硬质合金的刃磨性较好，刃口可以磨得较锋利，故切削有色金属及合金的效果较好。

（2）【钨钛钴硬质合金（YT类）】：主要由碳化钨、碳化钛和钴组成。由于YT类硬质合金的抗弯强度和冲击韧性较差，故主要用于切削切屑一般呈带状的普通碳钢及合金钢等塑性材料。

（3）【钨钛钽（铌）钴类硬质合金（YW类）】：在普通硬质合金中加入了碳化钽或碳化铌，从而提高了硬质合金的韧性和耐热性，使其具有较好的综合切削性能，主要用于不锈钢、耐热钢、高锰钢的加工，也适用于普通碳钢和铸铁的加工，因此被称为通用型硬质合金。

3. 涂层刀具

涂层刀具是在韧性较好的硬质合金或高速钢刀具基体上，涂覆一薄层耐磨性高的难熔金属化合物而获得的。常用的涂层材料有碳化钛、氮化钛、氧化铝等。碳化钛的硬度比氮化钛高，抗磨损性能好，对于会产生剧烈磨损的刀具，碳化钛涂层较好。氮化钛与金属的亲和力小，润湿性能好，在容易产生黏结的条件下，氮化钛涂层较好。在高速切削产生大量热量的场合，以采用氧化铝涂层为好，因为氧化铝在高温下有良好的热稳定性能。

涂层硬质合金刀片的耐用度至少可提高1～3倍，涂层高速钢刀具的耐用度则可提高2～10倍。加工材料的硬度越高，则涂层刀具的效果越好。

4. 陶瓷材料

陶瓷材料是以氧化铝为主要成分，经压制成形后烧结而成的一种刀具材料。它的硬度可达HRA91～95，在1 200℃的切削温度下仍可保持HRA80的硬度。另外，它的化学惰性大，摩擦系数小，耐磨性好，加工钢件时的寿命为硬质合金的10～12倍。其最大缺点是脆性大，抗弯强度和冲击韧性低。因此，它主要用于半精加工和精加工高硬度、高强度钢和冷硬铸铁等材料。常用的陶瓷刀具材料有氧化铝陶瓷、复合氧化铝陶瓷以及复合氧化硅陶瓷等。

5. 人造金刚石

人造金刚石是通过合金触媒的作用，在高温高压下由石墨转化而成的。人造金刚石具有极高的硬度（显微硬度可达HV10 000）和耐磨性，其摩擦系数小，切削刃可以做得非常锋利。因此，用人造金刚石做刀具可以获得很高的加工表面质量，多用于在高速下精细车削或镗削有色金属及非金属材料。尤其是用它切削加工硬质合金、陶瓷、高硅铝合金及耐磨塑料等高硬度、高耐磨性的材料时，具有很大的优越性。

6. 立方氮化硼（CBN）

立方氮化硼是由六方氮化硼在高温高压下加入催化剂转变而成的超硬刀具材料。它是20世纪70年代才发展起来的一种新型刀具材料，立方氮化硼的硬度很高（可达到HV8 000～9 000），并具有很高的热稳定性（在1 370 ℃以上时才由立方晶体转变为六面晶体而开始软化），它最大的优点是在高温（1 200～1 300 ℃）时也不易与钛族金属起反应。因此，它能胜任淬火钢、冷硬铸铁的粗车和精车，同时还能高速切削高温合金、热喷涂材料、硬质合金及其他难加工材料。

1.2.3　铣刀种类

数控加工中要选择合适的铣刀类型，刀具类型的选择直接影响加工范围和加工质量，如图1－3所示。

图1－3　铣刀类型和加工范围

1. 端铣刀

端铣刀是数控铣加工中最常用的一种铣刀，广泛用于加工平面类零件，图1－4所示为两种最常见的端铣刀。端铣刀除用其端刃铣削外，也常用其侧刃铣削，有时端刃、侧刃同时进行铣削，端铣刀也可称为圆柱铣刀。

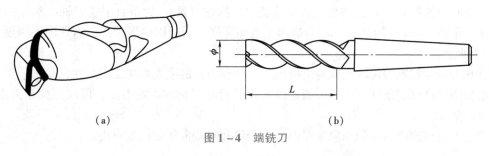

（a）　　　　　　　　　　　　　　（b）

图1－4　端铣刀

2. 成型铣刀

成型铣刀一般都是为特定的工件或加工内容专门设计制造的，适用于加工平面类零件的特定形状（如角度面、凹槽面等），也适用于特形孔或台。图 1-5 所示为几种常用的成型铣刀。

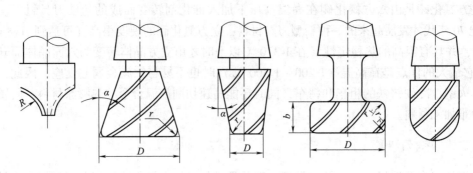

图 1-5 几种常用的成型铣刀

3. 球头铣刀

球头铣刀适用于加工空间曲面零件，有时也用于平面类零件较大的转接凹圆弧的补加工。图 1-6 所示为一种常见的球头铣刀。

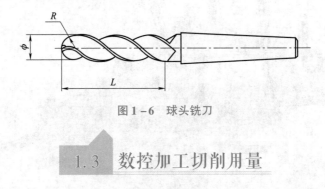

图 1-6 球头铣刀

1.3 数控加工切削用量

铣削用量包括切削速度（主轴转速）、背吃刀量和侧吃刀量、进给速度。选择切削用量时，应该在保证零件加工精度和表面粗糙度的前提下，充分发挥机床的性能和刀具的切削性能，使切削效率最高，加工成本最低。选择铣削用量时，首先选择背吃刀量和侧吃刀量，其次选择进给速度，最后确定切削速度。

1.3.1 背吃刀量（端铣）或侧吃刀量（圆周铣）的选择

背吃刀量 a_p 为平行于铣刀轴线测量的切削层尺寸，单位为 mm。端铣时，a_p 为切削层深度，而圆周铣削时，a_p 为被加工表面的宽度。侧吃刀量 a_e 为垂直于铣刀轴线测量的切削层尺寸，单位为 mm。端铣时，a_e 为被加工表面宽度，而圆周铣削时，a_e 为切削层深度，如图 1-7 所示。

背吃刀量或侧吃刀量的选取是由机床、工件和刀具的刚度来决定的。在满足工艺要求和工艺系统刚度许可的条件下，尽可能地选择大的背吃刀量和侧吃刀量，可以减少走刀次数，提高生产效率。

背吃刀量或侧吃刀量的选取主要由加工余量和对表面质量的要求决定：

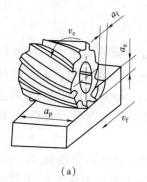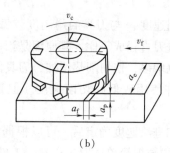

(a)　　　　　　　　　　　　　　　　(b)

图 1 – 7　铣削加工的切削用量

（1）当工件表面粗糙度值要求为 $Ra = 12.5 \sim 25\ \mu m$ 时，如果圆周铣削加工余量 <5 mm，端面铣削加工余量 <6 mm，粗铣一次进给就可以达到要求。但是在余量较大，工艺系统刚性较差或机床动力不足时，可分为两次进给完成。

（2）当工件表面粗糙度值要求为 $Ra = 3.2 \sim 12.5\ \mu m$ 时，应分为粗铣和半精铣两步进行。粗铣时背吃刀量或侧吃刀量选取同前，粗铣后留 0.5 ~ 1.0 mm 余量，在半精铣时切除。

（3）当工件表面粗糙度值要求为 $Ra = 0.8 \sim 3.2\ \mu m$ 时，应分为粗铣、半精铣、精铣三步进行。半精铣时背吃刀量或侧吃刀量取 1.5 ~ 2 mm；精铣时，圆周铣侧吃刀量取 0.3 ~ 0.5 mm，面铣刀背吃刀量取 0.5 ~ 1 mm。

1.3.2　进给速度的选择

铣削加工的进给量 f（mm/r）是指刀具转一周，工件与刀具沿进给运动方向的相对位移量；进给速度 v_f（mm/min）是单位时间内工件与铣刀沿进给方向的相对位移量。进给速度与进给量的关系为 $v_f = nf$（n 为铣刀转速，单位 r/min）。

进给量与进给速度是数控铣床加工切削用量中的重要参数，根据零件的表面粗糙度、加工精度要求、刀具及工件材料等因素，参考切削用量手册选取或通过选取每齿进给量 f_z，再根据公式 $f = zf_z$（z 为铣刀齿数）计算。

每齿进给量 f_z 的选取主要依据工件材料的力学性能、刀具材料、工件表面粗糙度等因素。工件材料强度和硬度越高，f_z 越小；反之则越大。硬质合金铣刀的每齿进给量高于同类高速钢铣刀。工件表面粗糙度要求越高，f_z 就越小。每齿进给量的确定可参考表 1 – 1 选取。工件刚性差或刀具强度低时，应取较小值。

表 1 – 1　铣刀每齿进给量参考值

工件材料	f_z/mm			
	粗　　铣		精　　铣	
	高速钢铣刀	硬质合金铣刀	高速钢铣刀	硬质合金铣刀
钢	0.10 ~ 0.15	0.10 ~ 0.25	0.02 ~ 0.05	0.10 ~ 0.15
铸铁	0.12 ~ 0.20	0.15 ~ 0.30		

1.3.3　切削速度的选择

铣削的切削速度计算公式为

$$v_c = \frac{C_V d^q}{T^m f_z^{y_v} a_p^{x_v} a_e^{p_v} z^{x_v} 60^{1-m}} K_V$$

铣削的切削速度 v_c 与刀具的耐用度、每齿进给量、背吃刀量、侧吃刀量以及铣刀齿数成反比,而与铣刀直径成正比。其原因是当 f_z、a_p、a_e 和 z 增大时,刀刃负荷增加,而且同时工作的齿数也增多,使切削热增加,刀具磨损加快,从而限制了切削速度的提高。为提高刀具耐用度允许使用较低的切削速度。但是加大铣刀直径则可改善散热条件,提高切削速度。

背吃刀量和进给速度确定后,可以根据机械切削手册查出切削速度 v_c 的具体值,也可以根据表 1-2 中数据简单选取。通常,工件进行粗加工时选择较低的切削速度;精加工时选择较高的切削速度。

表 1-2　铣削加工的切削速度参考值

工件材料	硬度/HBS	v_c/ (mm · min⁻¹)	
		高速钢铣刀	硬质合金铣刀
钢	<225	18~42	66~150
	225~325	12~36	54~120
	325~425	6~21	36~75
铸铁	<190	21~36	66~150
	190~260	9~18	45~90
	260~320	4.5~10	21~30

切削速度确定后,可以计算出主轴转速 n,计算公式:

$$n = \frac{1\,000v}{\pi D}$$

式中,n 为主轴转速 (r/min);v 为切削速度 (m/min);D 为工件直径或刀具直径 (mm)。

1.4　数控加工工艺路线

不论是四轴编程还是五轴编程,相对两轴轮廓编程和三轴曲面编程都比较复杂,复杂在于编程要考虑零件的旋转或者是刀轴的变化。

多轴加工编程和加工顺序是:CAD/CAM 建立零件模型→生成刀具轨迹→装夹零件→找正→建立工件坐标系→根据机床运动关系、刀具长度、机床的结构尺寸、工装夹具的尺寸以及工件的安装位置等设置后置处理的参数→生成 NC 代码→加工。

在编程时要考虑粗精加工工艺安排:

1. 粗加工的工艺安排原则

(1) 尽可能用平面加工或三轴加工去除较大余量,这样做的目的是切削效率高,可预见性强。

(2) 分层加工,留够精加工余量。分层加工使零件的内应力均衡,防止变形过大。

(3) 遇到难加工材料或者加工区域窄小,刀具长径比较大的情况下,粗加工可采用插铣方式。

2. 半精加工的工艺安排原则

（1）给精加工留下均匀的较小余量。

（2）保证精加工时零件具有足够刚性。

3. 精加工的工艺安排原则

（1）分层、分区域分散精加工。顺序最好是从浅到深、从上到下。对于叶片、叶轮类零件最好是从叶盆、叶背开始精加工，再到轮毂精加工。

（2）模具零件、叶片、叶轮类零件的加工顺序应遵循曲面→清根→曲面反复进行。切忌两相邻曲面的余量相差过大，造成在加工大余量时，刀具向相邻的而余量又小的曲面方向让刀，从而造成相邻曲面过切。

（3）尽可能采用高速加工。高速加工步进可以提高精加工效率，而且可以改善和提高工件精度和表面质量，同时有利于使用小直径刀具，有利于薄壁零件的加工。

1.4.1　加工顺序的安排

一般数控铣削采用工序集中的方式，这时工步的顺序就是工序分散时的工序顺序，可以按一般切削加工顺序安排的原则进行。通常按照从简单到复杂的原则，先加工平面、沟槽、孔，再加工内腔、外形，最后加工曲面，先加工精度要求低的表面，再加工精度要求高的部位等。在安排数控铣削加工工序的顺序时还应注意以下问题：

（1）上道工序的加工不能影响下道工序的定位与夹紧，中间穿插有通用机床加工工序的也要综合考虑。

（2）一般先进行内形内腔加工工序，后进行外形加工工序。

（3）以相同定位、夹紧方式或同一把刀具加工的工序，最好连续进行，以减少重复定位次数与换刀次数。

（4）在同一次安装中进行的多道工序，应先安排对工件刚性破坏较小的工序。

总之，顺序的安排应根据零件的结构和毛坯状况，以及定位安装与夹紧的需要综合考虑。

1.4.2　进给路线的确定

合理地选择进给路线不但可以提高切削效率，还可以提高零件的表面精度。对于数控铣床，还应重点考虑几个方面：能保证零件的加工精度和表面粗糙度的要求；使走刀路线最短，既可简化程序段，又可减少刀具空行程时间，提高加工效率；应使数值计算简单，程序段数量少，以减少编程工作量。

1. 铣削平面类零件的进给路线

铣削平面类零件外轮廓时，一般采用立铣刀侧刃进行切削。为减少接刀痕迹，保证零件表面质量，对刀具的切入和切出程序需要精心设计。

铣削外表面轮廓时，铣刀的切入和切出点应沿零件轮廓曲线的延长线上切入和切出零件表面，如图1-8所示，而不应沿法向直接切入零件，以避免加工表面产生划痕，保证零件轮廓光滑。

铣削封闭的内轮廓表面时，若内轮廓曲线允许外延，则应沿切线方向切入、切出。若内轮廓曲线不允许外延（见图1-9），则刀具只能沿内轮廓曲线的法向切入、切出，并将其切入、切出点选在零件轮廓两几何元素的交点处。当内部几何元素相切无交点时（见图1-10），为防止刀补取消时在轮廓拐角处留下凹口［见图1-10（a）］，刀具切入、切出点应远离拐角，如图1-10（b）所示。

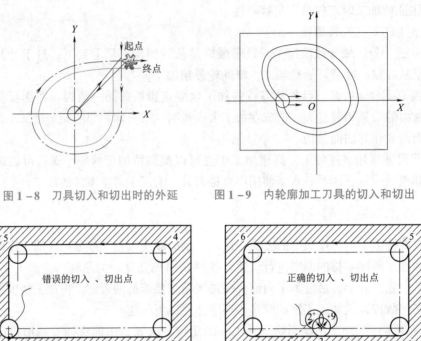

图1-8　刀具切入和切出时的外延　　　　图1-9　内轮廓加工刀具的切入和切出

图1-10　无交点内轮廓加工刀具的切入和切出

（a）错误；（b）正确

图1-11所示为圆弧插补方式铣削外整圆时的走刀路线。当整圆加工完毕时，不要在切点2处退刀，而应让刀具沿切线方向多运动一段距离，以免取消刀补时，刀具与工件表面相碰，造成工件报废。铣削内圆弧时也要遵循沿圆弧切线方向切入切出的原则，最好安排从圆弧过渡到圆弧的加工路线（见图1-12），这样可以提高内孔表面的加工精度和加工质量。

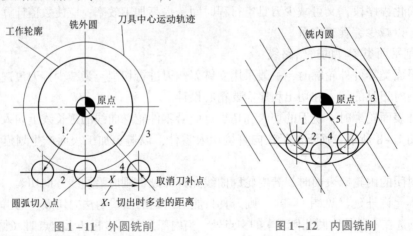

图1-11　外圆铣削　　　　　　　　　图1-12　内圆铣削

2. 铣削曲面类零件的加工路线

在机械加工中，常会遇到各种曲面类零件，如模具、叶片螺旋桨等。由于这类零件型面复杂，需用多坐标联动加工，因此多采用数控铣床、数控加工中心进行加工。

对于边界敞开的直纹曲面，加工时常采用球头刀进行"行切法"加工，即刀具与零件轮廓的切点轨迹是一行一行的，行间距按零件加工精度要求而确定，如图 1–13 所示的发动机大叶片，可采用两种加工路线。采用图 1–13（a）所示的加工方案时，每次沿直线加工，刀位点计算简单，程序少，加工过程符合直纹面的形成，可以准确保证母线的直线度。当采用图 1–13（b）所示的加工方案时，符合这类零件数据给出情况，便于加工后检验，叶形的准确度高，但程序较多。由于曲面零件的边界是敞开的，没有其他表面限制，所以曲面边界可以延伸，球头刀应由边界外开始加工。

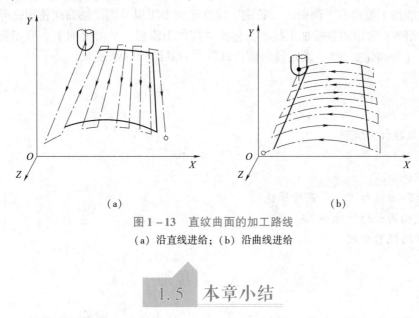

（a）   （b）

图 1–13　直纹曲面的加工路线
（a）沿直线进给；（b）沿曲线进给

1.5　本章小结

本章介绍了零件加工方法的选择、加工余量的确定、夹具的选择、装夹工件的方法，希望通过本章的学习，为 NX 数控加工编程典型理论奠定基础。

第 2 章　NX 数控加工技术

NX CAM 是 NX 软件数控加工部分，它以几何模型为基础，可完成三轴、多轴铣削加工及车削的自动编程，具有强大的刀具轨迹生成方法，生成的刀具轨迹合理、切削负载均匀，最常用的切削加工策略有平面铣、型腔铣、深度轮廓加工以及固定轴曲面轮廓铣等。

本章介绍 NX 常用的数控加工技术，包括数控加工流程、平面铣加工、型腔铣加工、深度轮廓加工（等高轮廓铣）、固定轴曲面轮廓铣、刀具路径后处理等。

本章内容

- ◆ NX 数控加工流程
- ◆ 平面铣加工
- ◆ 型腔铣加工
- ◆ 深度轮廓铣加工（等高轮廓铣）
- ◆ 固定轴曲面轮廓铣加工
- ◆ 刀具路径后处理

2.1　NX CAM 数控加工简介

UG NX 软件作为世界上最先进的 CAD/CAM/CAE 集成的大型高端应用软件，特别是其 CAM 模块被广泛应用于航空、航天、汽车、造船、通用机械和电子等工业领域，在工业界被公认为最好的 CAM 软件。

2.1.1　NX 数控加工功能

NX CAM 就是 NX 的计算机辅助制造模块，NX CAM 数控加工功能非常强大，可为数控车、数控铣、数控电火花线切割编程，包括平面铣、型腔铣、固定轴曲面轮廓铣、可变轴曲面轮廓铣、顺序铣、车削、线切割等多个模块。

2.1.1.1　NX CAM 铣削加工

铣削加工是 NX CAM 功能最强大的数控加工模块之一，可实现以下几种铣削加工方式：

1. 平面铣加工

平面铣加工创建的刀轨用于移除平面层内的材料，是一种 2.5 轴的加工方法，用于平面轮廓、平面区域或平面孤岛的粗精加工，它平行于零件底面进行分层切削。零件的底面和每个切削层都与刀具轴线垂直，各个加工部位的内壁与底面垂直，但不能加工底面与侧壁不垂直的部位。平面铣的特点是刀轴固定，底面是平面，各侧壁垂直底面，如图 2 - 1 所示。

2. 型腔铣加工

型腔铣加工用于粗加工型腔或型芯区域，是一种3轴加工方法。它根据型腔或型芯的形状将要切除的部位在深度方向上分成多个切削层进行切削，每个切削层可指定不同的切削深度，并可用于加工内壁与底面不垂直的部位，但在切削时要求刀具轴线与切削层垂直。型腔铣的特点是刀轴固定，侧壁不垂直于底面，如图2-2所示。

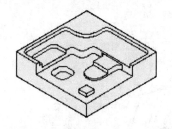 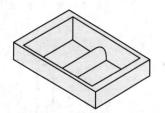

图2-1 典型平面铣加工零件　　　　　图2-2 典型型腔铣加工零件

3. 固定轴曲面轮廓铣加工

固定轴曲面轮廓铣加工是通过选择驱动几何体生成驱动点，将驱动点沿着指定的投影矢量投影到零件几何体上生成刀位轨迹点，同时检查刀位轨迹点是否过切或超差。如果刀位轨迹点满足要求，输出该点，驱动刀具运动，否则放弃该点。固定轴加工适合于加工一个或多个复杂曲面，根据不同的加工对象，可实现多种方式的精加工，如图2-3所示。

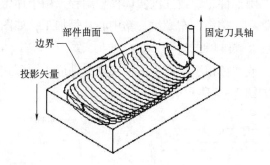

图2-3 典型固定轴曲面轮廓铣加工零件

4. 可变轴曲面轮廓铣加工

与固定轴曲面轮廓铣相比，可变轴加工提供了多种刀轴控制方式，可根据不同的加工对象实现多种方式的精加工，主要用于4轴或5轴加工，如图2-4所示。

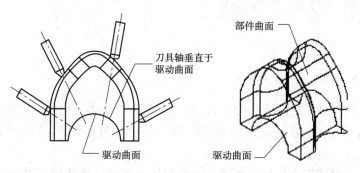

图2-4 典型可变轴曲面轮廓铣加工零件

5. 顺序铣加工

顺序铣是一种进行表面精加工的方法，其前道工序一般为平面铣或型腔铣等粗加工。它按照相交或相切面的连接顺序连续加工一系列相接表面，可保证零件相邻表面过渡处的加工精度。顺序铣主要是通过设置各个子操作的刀具路径，以及对机床进行 3 轴、4 轴或 5 轴联动控制来精加工零件表面轮廓，如图 2-5 所示。

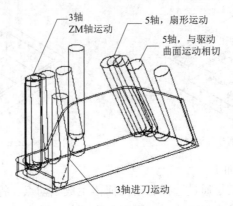

图 2-5　典型顺序铣加工零件

2.1.1.2　NX CAM 车削加工

车削加工可以面向二维部件轮廓或三维实体模型编程，用于加工轴类或回转体表面。它可以完成零件的粗车、精车、端面、车螺纹、钻中心孔等加工，如图 2-6 所示。

2.1.1.3　NX CAM 线切割加工

线切割加工从接线框或实体模型中产生，可实现 2 轴或 4 轴模式下的切割，它可实现各种范围的线切割操作，如图 2-7 所示。

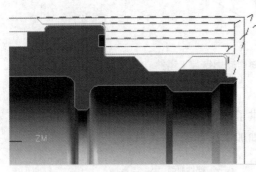

图 2-6　典型车削加工零件

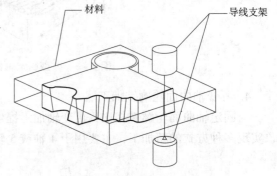

图 2-7　典型线切割加工零件

2.1.2　NX CAM 数控加工应用范围

NX CAM 系统提供了范围极广的功能，它不但可以支持多极化的不同模块选择以满足客户的需要，而且用户可以方便采用不同配置方案来更好地满足其特定的工业需求。

1. 模具制造

NX CAM 系统提供强大的铣削功能，可实现注塑模具、铸造模具和冲压模具的粗精加工，如图 2-8 所示。

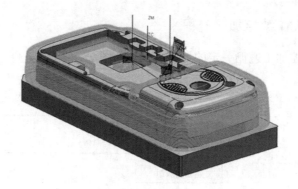

图 2-8　UG NX 在模具制造领域的应用

2. 航空航天

在航空航天领域中飞机机身和涡轮发动机的零部件都需要多轴加工能力，NX CAM 可很好地满足这些要求，如图 2-9 所示。

3. 日常消费品/高科技产品

NX CAM 可直接满足日常消费品和高科技产品制造商对注塑模具加工制造的需求，如图 2-10 所示。

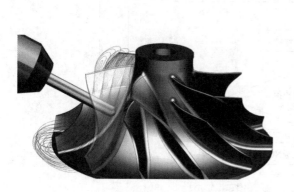

图 2-9　UG NX 在航空航天的应用

图 2-10　UG NX 在日常消费/高科技产品的应用

4. 通用机械

NX CAM 系统为通用机械工业提供了多种专业的解决方案，比如高效的平面铣、针对铸造件及焊接件的精细加工以及大批量的零部件车削加工和线切割加工等，如图 2-11 所示。

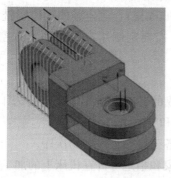
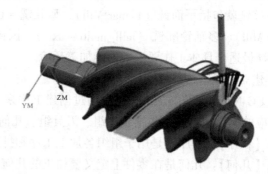

图 2-11　UG NX 在通用机械产品的应用

2.1.3 NX CAM 数控加工流程

利用 NX 进行数控加工遵循一定的加工流程，如图 2-12 所示。

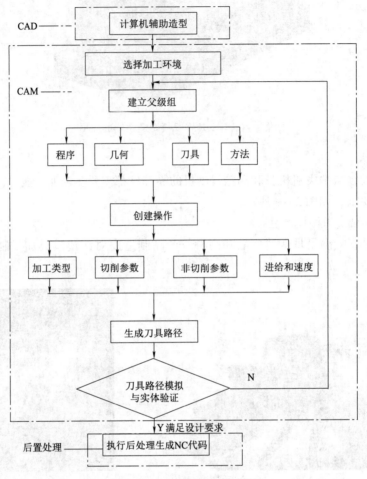

图 2-12　NX 数控加工流程

下面将数控加工流程中的相关内容做一个简单介绍。

1. 选择加工环境

UG CAM 可以为数控车、数控铣、数控电火花线切割机编制加工程序，而且单是 UG CAM 数控铣就包括平面铣（Planar Mill）、型腔铣（Cavity Mill）、固定轴曲面轮廓铣（Fixed Contour Mill）、多轴轮廓铣（mill_multi-axis）。因此，需要定制用户所需要的数控编程环境，选择最适合具体工作要求的功能加工环境。

2. 建立父级组

在 UG NX 的数控加工中加工是通过创建工序来完成的，在创建工序之前要为工序指定其所对应的父级组，其中包括程序组、刀具组、几何组和方法组。

☑【程序】：程序组是用于组织各加工工序和排列各工序在程序中的次序。

☑【几何】：几何是在零件上定义要加工的几何对象和指定零件在机床上的加工方位。

☑【刀具】：设置加工需要的加工刀具类型以及刀具加工参数。

☑ 【方法】：加工方法可以通过对加工余量、几何体的内外公差、切削步距和进给速度等选项的设置，控制表面残余量，为粗加工、半精加工和精加工设定统一的参数。

3. 创建工序

在 NX 数控加工过程中，零件各表面的形成是通过若干个按一定次序排列的工序组成。创建工序时除了要指定加工父级组外，还要设置工序参数，常用的工序参数有：

☑ 【加工类型】：用于选择合适的加工工序方式，可选择工序类型有平面铣、型腔铣、固定轴曲面轮廓铣、可变轴曲面轮廓铣等。

☑ 【切削参数】：用于设置切削加工参数，主要包括走刀方式、加工余量、顺铣和逆铣等。

☑ 【非切削参数】：用于设置刀具在非切削运动移动参数，主要包括进刀、退刀、安全设置等。

☑ 【进给和速度】：用于设置加工时主轴转速和进给率等。

4. 生成刀具路径

生成刀具的 NCI 数据文件，并在屏幕上显示加工刀具路径。

5. 刀具路径模拟与实体验证

模拟刀具实际切削时的走刀过程，直接对工件进行逼真的切削模拟来观察加工过程和效果，可避免工件报废，甚至可以省去试切环节。

6. 执行后处理生成 NC 代码

将确认的刀具位置数据 CLSF 转换成适合于具体机床数据的数控加工程序，即 NC 代码。

在 NX 生成的刀具路径如果不经过后置处理将无法直接送到数控机床进行零件加工，这是因为不同厂商生产的机床硬件条件不同，而且各种机床所使用的控制系统也不同，对同一功能，在不同的数控系统中不完全相同。这些与特定机床相关的信息，不包含在刀具位置源文件（CLSF），因此刀具位置源文件必须进行后置处理，以满足不同机床/控制系统的特殊要求。

2.2　NX 数控加工方法

按照数控加工工艺原则，一般分为粗加工、半精加工和精加工，NX 通过型腔铣实现粗加工、深度轮廓铣实现半精加工、固定轴曲面轮廓铣完成曲面精加工，而通常平面铣作为 NX 数控加工基础，因此本节将介绍平面铣加工、型腔铣加工、深度轮廓铣加工、固定轴曲面轮廓铣加工。

2.2.1　NX 平面铣加工

平面铣是一种 2.5 轴核心加工方式，它能实现水平方向 XY 的 2 轴联动，而 Z 轴方向只在完成一层加工后进入下一层才做单独的动作，从而完成整个零件的加工。平面铣以边界来定义部件几何体的切削区域，并且一直切削到指定的底平面。

2.2.1.1　平面铣特点与应用

平面铣的切削刀轨是在垂直于刀具平面内的 2 轴刀轨，通过多层二轴刀轨逐层切削材料，每一层刀轨称为一个切削层。平面铣刀具的侧刃切削工件侧面的材料，底面的刀刃切削工件底面的材料。

平面铣加工具有以下特点：

（1）平面铣在与 XY 平面平行的切削层上创建刀具的切削轨迹，其刀轴固定，垂直于 XY 平面，零件侧面平行于刀轴矢量（刀轴矢量由刀夹指向刀柄）。

（2）平面铣不采用几何实体来确定加工区域，而是使用边界或曲线来创建切削区域。因此，平面铣无须做出完整的造型，可依据2D图形直接创建刀轨。

（3）平面铣刀轨生成速度快，调整方便，能很好地控制刀具在边界上的位置。

（4）平面铣即可完成粗加工，也可进行精加工。

平面铣适合加工整个形状由平面和与平面垂直的面构成的零件。一般情况下，对于直壁的、水平底面为平面的零件，应该优先选择平面铣操作进行粗加工和精加工，如产品的基准平面、内腔的底面、敞开的外形轮廓等，如图2-13所示。

（a）　　　　　　　　　　　　（b）　　　　　　　　　　　　（c）

图2-13　平面铣加工零件

2.2.1.2　铣削边界

在平面铣操作中，加工区域是由边界和底平面来限定的，边界用于计算刀位轨迹，定义刀具的切削范围，而底平面用于控制刀具的切削深度。

单击【主页】选项卡【插入】组中的【创建几何体】按钮，或选择下拉菜单【插入】|【几何体】命令，弹出【创建几何体】对话框，选择【几何体子类型】中的【MILL_BND】图标，如图2-14所示，单击【确定】按钮，弹出【铣削边界】对话框，如图2-15所示。

图2-14　【创建几何体】对话框

图2-15　【铣削边界】对话框

利用【铣削边界】对话框可设置常用的平面铣加工几何体，包括部件边界、毛坯边界、检查边界、修剪边界和底面 5 种。

1. 部件边界

部件边界用于描述完整的零件，它控制刀具运动的范围，可以通过选择面、曲线、点和永久边界来定义部件边界，如图 2-16 所示。

2. 毛坯边界

毛坯边界是用于表示被加工零件毛坯的几何对象，它是系统计算刀轨的重要依据，如图 2-17 所示。毛坯边界没有敞开的，只有封闭的边界。当部件边界和毛坯边界都定义了，系统根据毛坯边界和部件边界共同定义的区域（两种边界相交的区域）定义刀具运动的范围。

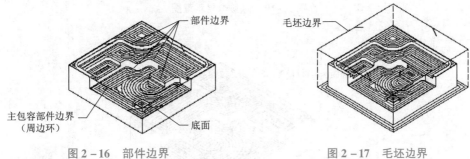

图 2-16　部件边界　　　　　　　　　图 2-17　毛坯边界

3. 检查边界

检查边界是用于指定不允许刀具切削的部位，如图 2-18 所示。检查边界没有敞开的边界，只有封闭的边界，用户可以设置"检查余量"来定义刀具离开边界的距离。

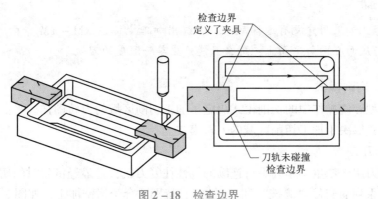

图 2-18　检查边界

4. 修剪边界

如果操作的整个刀轨涉及的切削范围某一区域不希望被切削，可以利用修剪边界将这部分刀轨去除。修剪边界通过指定刀具路径在修剪区域的内或外来限制整个切削范围，如图 2-19 所示。

5. 底面

底面是一个垂直于刀具轴的平面，它用于指定平面铣的最低高度，定义底面后，其余切削平面平行于底面而产生，如图 2-20 所示。每个操作中仅能定义一个底面，第二个选择平面会自动替代第一个选取的面作为底面。底面可以直接在工件上选取水平的表面作为底面，也可将选取的表面偏置一定距离后作为底面；或者利用【平面】对话框创建一个平面作为底面。

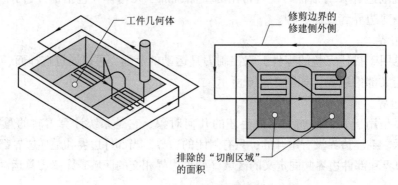

图 2 – 19　修剪边界示意图

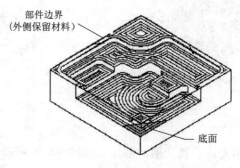

图 2 – 20　底面示意图

技术要点：如果用户没有选择底面，系统用加工坐标系 XM – YM 平面作为底面；如果部件平面与底面在同一平面上，那么只能产生单一深度的刀轨。

2.2.1.3　切削模式

平面铣和型腔铣操作中的切削模式决定了加工切削区域的刀轨图样。平面铣和型腔铣工序中的切削模式取决于加工切削区域的刀轨模式。

1. 往复走刀

往复式走刀用于产生一系列平行连续的线性往复刀轨，是最经济省时的切削方法，但该方式会产生一系列的交替"顺铣"和"逆铣"，特别适合于粗铣加工，如图 2 – 21 所示。

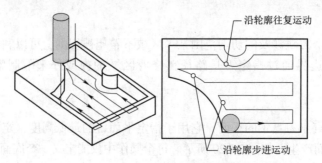

图 2 – 21　沿轮廓的往复走刀

2. 单向走刀

单向走刀用于产生一系列单向的平行线性刀轨，相邻两个刀具路径之间都是顺铣或逆铣，如图 2 - 22 所示。

3. 单向轮廓铣

单向轮廓铣用于产生一系列单向的平行线性刀轨。在横向进给时，刀具直接沿切削区域轮廓切削。单向轮廓铣能够始终严格保持单纯的顺铣或逆铣，如图 2 - 23 所示。

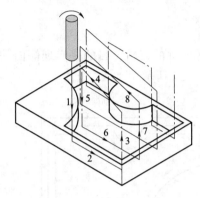 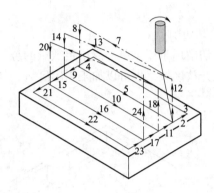

图 2 - 22　单向走刀示意图　　　　　图 2 - 23　单向轮廓铣示意图

2.2.1.4　跟随周边

跟随周边用于产生一系列同心封闭的环形刀轨，这些刀轨的形状是通过偏移切削区的外轮廓获得的，可加工区域内的所有刀路都是封闭形状，如图 2 - 24 所示。

1. 跟随部件

跟随部件用于根据所指定的零件几何产生一系列同心线来创建切削刀具路径，可加工区域内的所有刀路都是封闭形状，如图 2 - 25 所示。

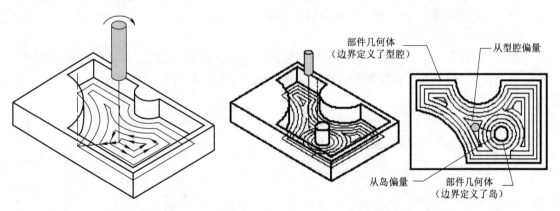

图 2 - 24　跟随周边示意图　　　　　图 2 - 25　跟随部件示意图

2. 摆线

摆线用于将刀具沿着摆线轨迹运动，如图 2 - 26 所示。当需要限制刀具过大的横向进给而使刀具产生破坏，且需要避免过量切削材料时，可采用摆线方式。

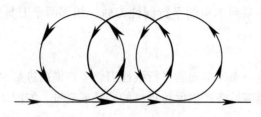

图 2-26　摆线示意图

3. 轮廓切削 🔲

轮廓切削用于产生单一或指定数量的绕切削区轮廓的刀轨，目的是实现侧面的精加工，可以加工开放区域，也可以加工封闭区域，如图 2-27 所示。

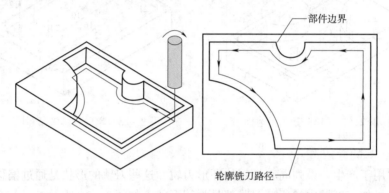

图 2-27　轮廓切削

2.2.1.5　切削步距

步距即切削步长，是指相邻两道切削路径之间的横向距离，它关系到刀具切削负荷、加工效率和零件表面质量的重要参数。常用步进方式有："恒定""残余高度""刀具平直百分比"和"变量平均值"等 4 种，下面分别介绍如下。

1. 恒定

用于指定相邻两刀切削路径之间的横向距离为常量。如果指定的距离不能将切削区域均匀分开，系统将自动缩小指定的距离值，并保持恒定不变，如图 2-28 所示。

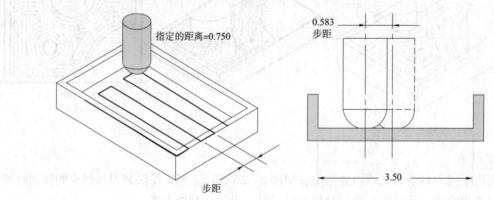

图 2-28　恒定步长示意图

2. 残余高度

指定相邻两刀切削路径刀痕间残余面积高度值，以便系统自动计算横向距离值，系统应保证残余材料高度不超过指定的值，如图 2-29 所示。

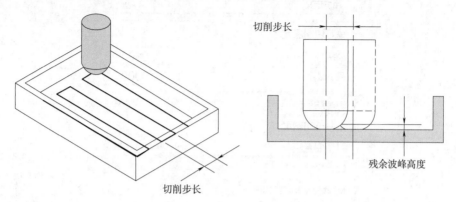

图 2-29　残余高度示意图

3. 刀具平直百分比

用刀具直径乘"百分比"的积作为切削步距值，如图 2-30 所示。如果加工长度不能被切削步长等分，则系统将减少切削步长，并保持一个常数。

4. 变量平均值（多个）

设置切削步距可变，系统自动确定实际使用的步长。如图 2-31 所示，用户指定的"最大值"是 0.5，"最小值"是 0.25，系统计算得出八个步距为 0.363 的刀路，该步距值可保证刀具在切削时相切于所有平行于单向和回转切削的壁面。

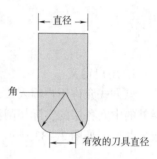

图 2-30　有效刀具直径

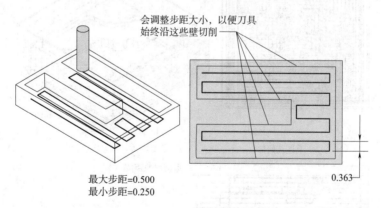

最大步距=0.500
最小步距=0.250

图 2-31　往复铣削中可变步距

2.2.1.6　切削层

单击【刀轨设置】组框中的【切削层】按钮，弹出【切削层】对话框，如图 2-32 所示。

在【切削层】对话框中提供了 5 种切削深度的定义方式，下面分别加以介绍。

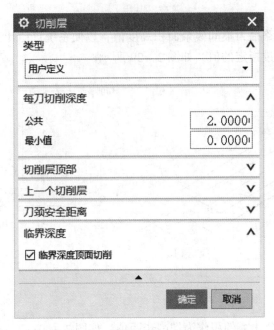

图 2 – 32 【切削层】对话框

1. 用户定义

该方式允许用户输入数值定义切削深度，这是最常用的切削深度定义方式。除顶层和底层外的中间各层的实际切削深度介于公共和最小值之间，将切削范围进行平均分配，并尽量取公共值，如图 2 – 33 所示。

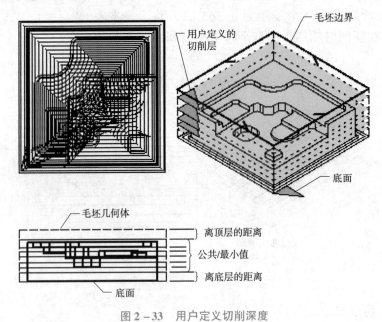

图 2 – 33　用户定义切削深度

2. 仅底面

仅底面用于仅有一个切削层，刀具直接深入底面切削来定义切削深度，如图 2 – 34 所示。

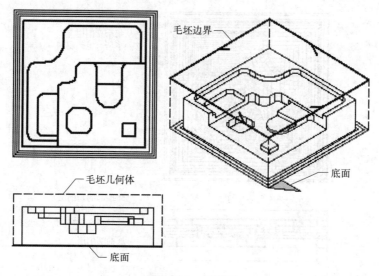

图 2-34 仅底面

3. 底面和临界深度

在底面上生成单个切削层，接着在每个岛顶部生成一条清理刀轨，如图 2-35 所示。清理刀路仅限于每个岛的顶面，且不会切削岛边界的外侧，因此适合做水平面精加工。

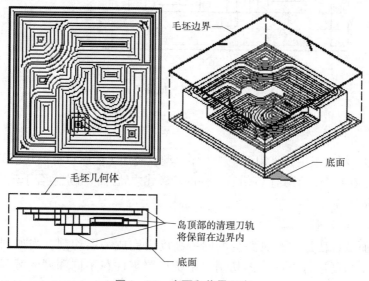

图 2-35 底面和临界深度

4. 临界深度

临界深度用于分多层铣削，切削层的位置在岛屿的顶面和底面上，与【底面和临界深度】不同之处在于每一层的刀轨覆盖整个毛坯断面，如图 2-36 所示。

5. 恒定

恒定用于分多层铣削，输入一个最大深度值（每刀深度），除最后一层可能小于最大深度值，其余层深度都等于最大深度值，如图 2-37 所示。

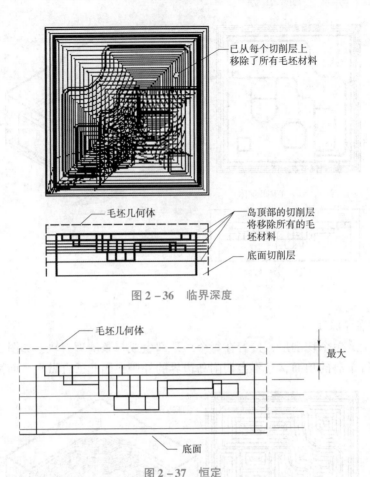

图 2-36 临界深度

图 2-37 恒定

2.2.2 NX 型腔铣加工

3 轴数控加工粗加工主要采用型腔铣工序，型腔铣加工能够以分层切削的方式加工出零件的大概形状，在每个切削层上都沿着零件的轮廓建立轨迹，特别适合于建立模具的凸模和凹模粗加工刀位轨迹。

2.2.2.1 型腔铣特点与应用

型腔铣的加工特征是在刀具路径的同一高度内完成一层切削，当遇到曲面时将会绕过，再下降一个高度进行下一层的切削，系统按照零件在不同深度的截面形状计算各层的刀路轨迹，如图 2-38 所示。可以理解成在一个由轮廓组成的封闭容器内，由曲面和实体组成容器中的堆积物，在容器中加入液体，在每一个高度上，液体存在的位置均为切削范围。

型腔铣操作与平面铣一样是在与 XY 平面平行的切削层上创建刀位轨迹，其操作有以下特点：

（1）刀轨为层状，切削层垂直于刀具轴，一层一层地切削，即在加工过程中机床两轴联动。

（2）采用边界、面、曲线或实体定义刀具切削运动区域（即定义部件几何体和毛坯几何体），但是实际应用中大多数采用实体。

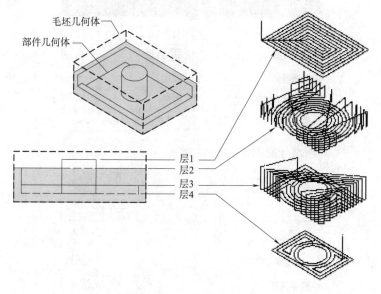

图 2 - 38　型腔铣的切削层

（3）切削效率高，但会在零件表面上留下层状余量，因此型腔铣主要用于粗加工，但是某些型腔铣操作也可以用精加工，此时需要用户设置好切削层位置和参数。

（4）可以适用于带有倾斜侧壁、陡峭曲面及底面为曲面的工件的粗加工与精加工，典型零件如模具的动模、顶模及各类型框等。

（5）刀位轨迹创建容易，只要指定零件几何体与毛坯集合体，即可生成刀轨。

型腔铣用于加工非直壁的、岛屿的顶面，以及槽腔的底面为平面或曲面的零件，如图 2 - 39 所示。在许多情况下，特别是粗加工，型腔铣可以代替平面铣。型腔铣在数控加工应用中最为广泛，可用于大部分粗加工以及直壁或者斜度不大的侧壁的精加工；通过限定高度值，只作一层，型腔铣也可用于平面的精加工以及清角加工等。

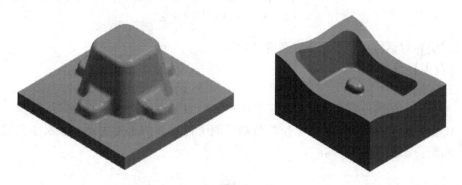

图 2 - 39　型腔铣零件

2.2.2.2　切削层

单击【刀轨设置】组框中的【切削层】按钮▊，弹出【切削层】对话框，如图 2 - 40 所示。

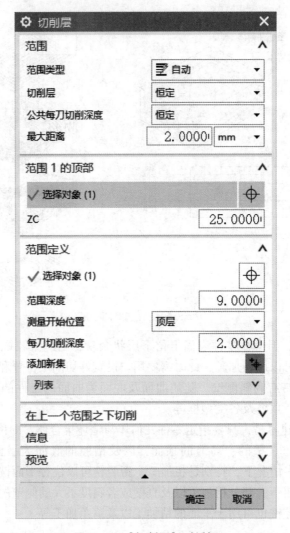

图 2 - 40　【切削层】对话框

【切削层】对话框中相关选项参数含义如下：

1. 【范围】组框

1）范围类型

☑ 自动：将范围设置为与任何水平平面对齐，只要没有添加或修改局部范围，切削层将保持与工件的关联性。系统将自动检测工件上新的水平表面，并添加关键层与之匹配，如图 2 - 41 所示。

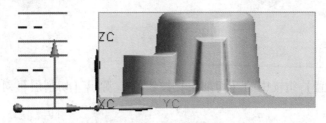

图 2 - 41　自动生成切削范围

☑ 用户定义：用户自行定义每个范围，如图 2-42 所示。通过选择面定义的范围将保持与部件的关联性，但部件的临界深度不会自动删除。

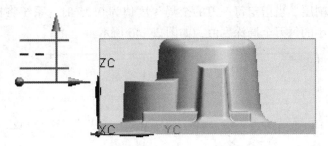

图 2-42 用于定义切削范围

☑ 单一：将根据工件和毛坯几何体设置一个切削范围，如图 2-43 所示。

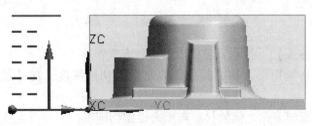

图 2-43 单一切削范围

2）切削层

用于指定再分割某个切削层的方法，包括以下选项：

☑ 恒定：按【公共每刀切削深度】值保持相同的切削深度，如图 2-44 所示。

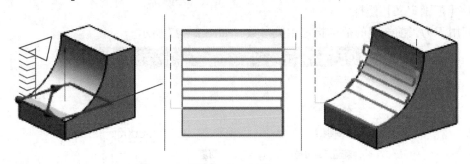

图 2-44 恒定

☑ 仅在范围底部：选择该选项，仅在底部范围处切削，如图 2-45 所示。

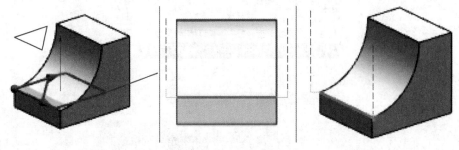

图 2-45 仅在范围底部

3) 公共每刀切削深度

在计算刀轨时，系统根据指定的【公共每刀切削深度】的大小，计算出不超过指定值的相等深度的各切削层。当指定每一刀的全局深度值为 0.25 时，系统将根据不同的切削深度，计算出不同大小的每刀全局深度值，如图 2-46 所示。

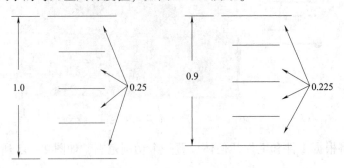

图 2-46　每刀的公共深度示意图

【公共每刀切削深度】下拉列表包括以下 2 种方式：

☑ 恒定：限制连续切削刀路之间的距离来设定切削深度，在【最大距离】文本框中输入。

☑ 残余高度：限制刀路之间的材料高度来设定切削深度，在【最大残余高度】文本框中输入。

2. 【范围 1 的顶部】组框

其用于指定第一个范围的顶部位置，可通过直接选择零件表面或输入 ZC 坐标值来确定。

3. 【范围定义】组框

其用于为当前选定的范围指定相关参数，如图 2-47 所示。

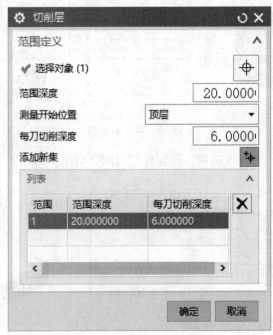

图 2-47　【范围定义】选项

【范围定义】选项相关参数含义如下：

（1）选择对象。

其用于指定范围底部的位置。

（2）范围深度。

通过指定与参考平面距离指定范围底部。

（3）测量开始位置。

其用于定义测量范围深度值的方式，即指定从其测量范围深度值的参考平面，包括以下选项：

☑ 顶层：从第一刀切削范围顶部引用范围深度。

☑ 范围顶部：从当前高亮显示的范围的顶部测量范围深度。

☑ 范围底部：从当前高亮显示的范围的底部测量范围深度，也可使用滑尺来修改范围底部的位置。

☑ WCS 原点：从 WCS 原点测量范围深度。

（4）每刀切削深度。

其用于指定当前活动范围的最大切削深度。

【每刀切削深度】与【公共每刀切削深度】类似，但前者的值将影响单个范围中的每一刀的最大深度。通过为每个范围指定不同的每一刀的深度，可以创建如图 2-48 所示的切削层，即在某些区域内每个切削层将切削下较多的材料，而在另一些区域内每个切削层只切削下较少的材料。"范围 1"使用了较大的每一刀的局部深度 A 值，从而可以快速地切削材料，"范围 2"使用了较小的每一刀的局部深度 B 值，以便逐渐移除靠近圆角处的材料，使残留材料相对均匀。

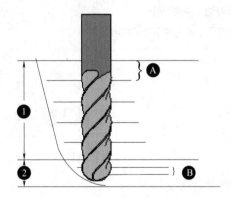

图 2-48 指定不同的切削范围

（5）添加新集。

其用于在当前范围之下添加新的切削范围。

（6）范围列表。

其用于显示所有切削范围的具体信息，包括"范围深度""每刀切削深度"等。在列表中选中一个切削范围，单击其右侧的【移除】按钮✖，可删除所选定的范围。

技术要点：在零件中越陡峭的表面允许越大的切削层深度，而越接近水平的表面切削层深度应越小，目的是保证加工后残料均匀一致，便于后续精加工。

2.2.3 深度轮廓加工（等高轮廓铣加工）

深度轮廓加工采用多个切削层铣削实体或曲面的轮廓，对于一些形状复杂的零件，其中需要加工的表面既有平缓的曲面，又有陡峭的曲面，或者是接近垂直的斜面和曲面，如某些模具的型腔和型芯，在加工这类特点的零件时，对于平缓的曲面和陡峭的曲面就需要采用不同的加工方式，而深度轮廓加工就特别适合于陡峭曲面的加工，同时也常用深度轮廓加工作为半精加工。

2.2.3.1 延伸路径参数

单击【切削参数】对话框中的【策略】选项卡，弹出【策略】选项卡，如图2-49所示。

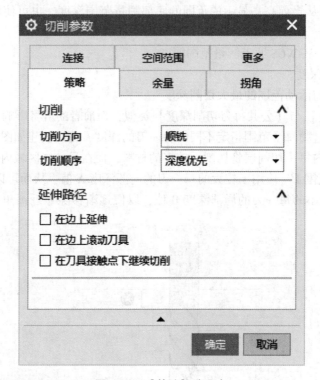

图2-49 【策略】选项卡

【策略】选项卡相关选项参数含义如下：

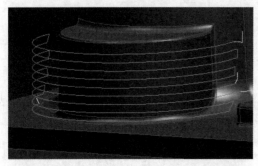

图2-50 使用混合切削方向的开放区域

1. 切削方向—混合

使用混合切削方向在各切削层中交替改变切削方向，这样可省去刀具在各层间进行多次移刀运动，如图2-50所示。

2. 在边上滚动刀具

选中【在边上滚动刀具】复选框以允许刀具在边缘滚动，或者清除该复选框以防止刀具在边缘滚动，如图2-51所示。

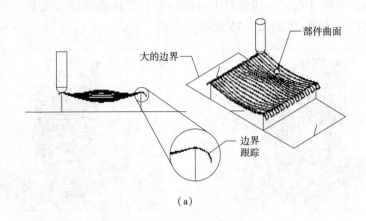

（a）

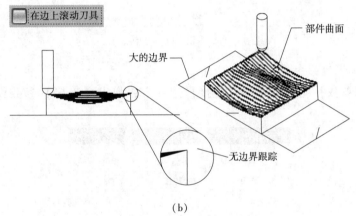

（b）

图 2-51　在边上滚动刀具

（a）选中复选框；（b）取消复选框

取消【在边上滚动刀具】复选框时，过渡刀具移动是非切削移动。例如，如果为非切削移动定义了如图 2-52 所示的安全平面，则刀具在往复运动之间会退回到安全平面。

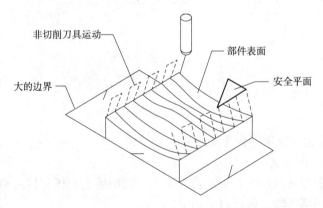

图 2-52　取消【在边上滚动刀具】时退刀

3. 在刀具接触点下继续切削

取消【在刀具接触点下继续切削】复选框，在刀具与部件表面失去接触的切削层停止加工部件轮廓线；选中【在刀具接触点下继续切削】复选框继续在刀具不会接触部件表面的层下面加工部件轮廓线，如图 2 - 53 所示。

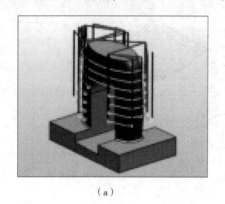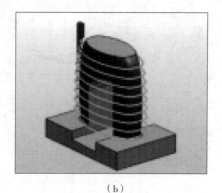

（a）　　　　　　　　　　　　　　　　　（b）

图 2 - 53　在刀具接触点下继续切削

（a）取消；（b）选中

2.2.3.2　加工连接参数

单击【切削参数】对话框中的【连接】选项卡，弹出【连接】参数设置选项卡，如图 2 - 54 所示。

图 2 - 54　【连接】选项卡

【连接】选项卡相关选项参数含义如下：

1. 层到层

其用于决定当前刀具从一个切削层进入下一个切削层的时候如何运动，"层到层"是一个专用于深度铣的切削参数，包括以下选项：

1）使用转移方法

使用【非切削移动】对话框安全设置中指定的方式决定层与层之间的运动方式。如

图 2 - 55 所示，刀具每一层之后退刀到安全平面，经横越后进入下一层切削。

2）直接对部件进刀

刀具从一个切削层进入下一个切削层的运动像一个普通的步距运动，消除了不必要的退刀，提高加工效率，如图 2 - 56 所示。

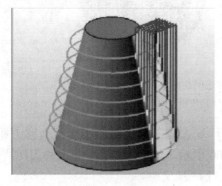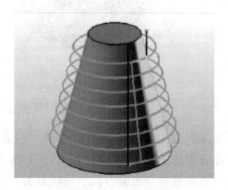

图 2 - 55　使用转移方法　　　　　　图 2 - 56　直接对部件进刀

3）沿部件斜进刀

刀具从一个切削层到下一个切削层的运动是一个斜式运动，可在【斜坡角】中输入斜切角度值。该方式具有更恒定的切削深度和残余高度，并且能在部件顶部和底部生成完整刀路，如图 2 - 57 所示。

4）沿部件交叉斜进刀

"沿部件交叉斜进刀"与"沿部件斜进刀"相似，不同的是在斜削进下一层之前完成每层刀路，如图 2 - 58 所示。

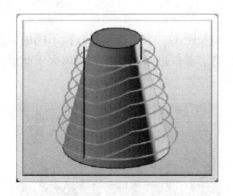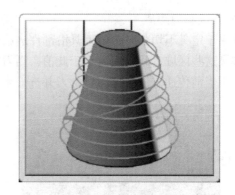

图 2 - 57　沿部件斜进刀　　　　　　图 2 - 58　沿部件交叉斜进刀

2. 层间切削

其用于在深度加工中的切削层间存在间隙时创建额外的切削。【层间切削】可消除在标准层到层加工操作中留在浅区域中的非常大的残余高度，不必为非陡峭区域创建单独的区域铣削操作，也不必使用非常小的切削深度来控制非陡峭区域中的残余波峰，如图 2 - 59 所示。

3. 短距离移动时的进给

其用于指定如何连接同一区域内的不同切削区域，包括以下选项：

1）短距离移动时进给

取消【短距离移动时的进给】复选框，指定刀具使用当前转移方法退刀，然后移刀至

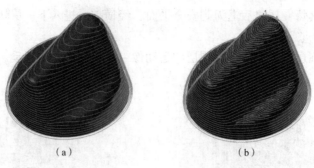

（a） （b）

图 2-59　在层之间切削

（a）不使用"层间切削"；（b）使用"层间切削"

下一位置并进刀；选中【短距离移动时的进给】复选框，如果距离小于最大移刀距离值，则沿部件表面以步距进给率移动刀具，如图 2-60 所示。如果距离大于最大移刀距离值，则刀具使用当前转移方法退刀，然后移刀至下一位置并进刀。

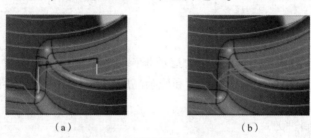

（a） （b）

图 2-60　短距离移动时的进给

（a）取消【短距离移动时的进给】复选框；（b）选中【短距离移动时的进给】复选框

2）最大移刀距离

其用于定义不切削时希望刀具沿部件进给的最长距离。当系统需要连接不同的切削区域时，如果这些区域之间的距离小于此值，则刀具将沿部件进给。如果该距离大于此值，则系统将使用当前传递方法来退刀、移刀并进刀至下一位置，如图 2-61 所示。

（a） （b）

图 2-61　最大移刀距离

（a）小于最大移刀距离切削；（b）超出最大移刀距离切削

2.2.4　固定轴曲面轮廓铣加工

固定轴曲面轮廓铣与之前的平面铣、型腔铣、等高铣完全不同，是 3 轴联动的，所以其生成的刀轨原理也不相同，主要用于对曲面精加工。

技术要点：固定轴曲面轮廓铣属于 3 轴联动加工，主要用于曲面的半精加工和精加工，刀具轴始终为一固定矢量方向。它可以精确地沿着几何体的轮廓切削，有效地去除多余的材料，常用于型腔铣后的精加工。

2.2.4.1　固定轴曲面轮廓铣原理

如图 2-62 所示，如何通过将驱动点从有界平面投影到部件曲面来创建操作，首先在边界内创建驱动点阵列，然后沿指定的投影矢量将其投影到部件曲面上。

刀具将定位到部件表面上的接触点，当刀具在部件上从一个接触点移动到另一个时，可使用刀尖的"输出刀位置点"来创建刀轨（NX 规定不管什么形式的铣刀，其刀具参考点都在刀具底部的中心位置处），那么使用 NX CAM 生成的刀轨就是刀具上这一点的运动轨迹，如图 2-63 所示。

各种驱动方法用于生成驱动点，假如不定义零件几何体，则刀轨就直接在驱动点生成创建；如果定义了零件几何体，则系统就把驱动点沿着投影矢量方向投影到零件几何体上，从而创建刀轨。

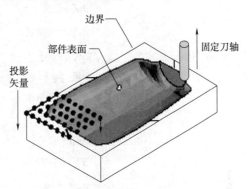

图 2-62　边界驱动中驱动点投影

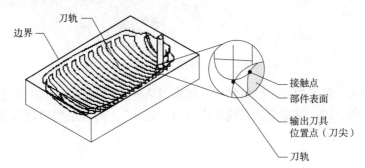

图 2-63　边界驱动方法的刀轨

2.2.4.2　区域铣削驱动方法

区域铣削驱动方法是固定轴曲面轮廓铣特定的驱动方式。区域铣削驱动方式是通过指定切削区域来生成刀具路径，并且在需要的情况下添加"陡峭包含"和"修剪边界"约束，如图 2-64 所示。

在【驱动方法】组框【方法】下拉列表中选择【区域铣削】选项，弹出【区域铣削驱动方法】对话框，如图 2-65 所示。

【区域铣削驱动方法】对话框相关选项参数含义如下：

1. 陡峭空间范围

根据刀轨的陡峭度限制切削区域，用于控制残余高

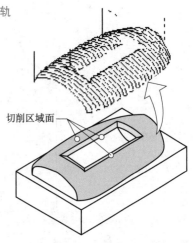

图 2-64　区域铣削驱动方法

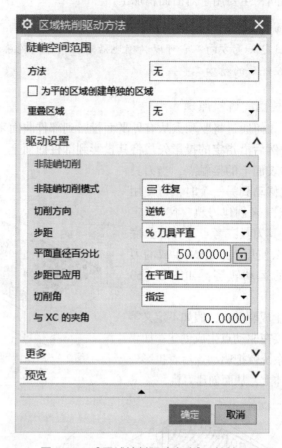

图 2-65 【区域铣削驱动方法】对话框

度和避免将刀具插入陡峭曲面上的材料中。如果刀轨的某些部分与刀轴的垂直平面所成的角度大于指定的陡角，那么这部分的刀轨被定义为"陡峭"，而其余的刀轨部分被视为"非陡峭"，如图 2-66 所示。

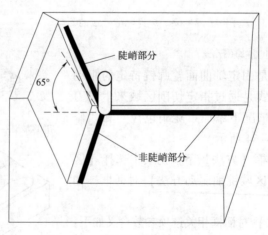

图 2-66 陡峭部分和非陡峭部分

【陡峭空间范围】组框【方法】下拉列表中可指定陡峭空间的范围方式，包括以下选项：

（1）无：不在刀轨上施加陡峭度限制，而是加工整个切削区域。

（2）非陡峭：只在部件表面角度小于"陡角"值的切削区域内加工，"陡角"值允许的范围是 0°～90°，如图 2−67 所示。

（3）定向陡峭：只在部件表面角度大于"陡角"值的切削区域内加工，"陡角"值允许的范围是 0°～90°，如图 2−68 所示。

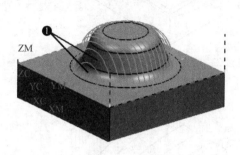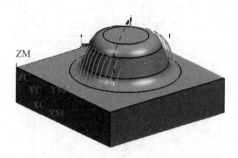

图 2−67　非陡峭　　　　　　　　　　　　图 2−68　定向陡峭

2. 切削模式

用于定义刀轨的形状，共计有 16 种切削模式，下面仅 8 种加以介绍：

1）跟随周边

跟随周边可沿着切削区域的轮廓创建一系列同心刀路的切削模式，如图 2−69 所示。与往复一样，该切削模式在步距间保持连续的进刀来最大化切削运动。

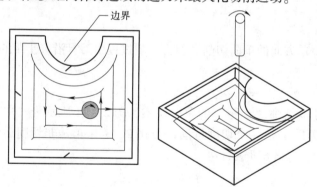

图 2−69　跟随周边（顺铣向外）

2）轮廓加工

轮廓加工创建跟随切削区域周边的切削模式。与"跟随周边"不同，此选项仅用于沿着边界进行切削，如图 2−70 所示。

3）单向

单向是一个单方向的切削类型，它通过退刀使刀具从一个切削刀路转换到下一个切削刀路，转向下一个刀路的起点，然后再以同一方向继续切削，如图 2−71 所示。

4）往复

往复是指在一个方向上生成单向刀路，继续切削时进入下一个刀路，并按相反的方向创建一个回转刀路，如图 2-72 所示。这种切削类型可以通过允许刀具在步距间保持连续的进刀来最大化切削运动，在相反方向切削的结果是生成一系列的交替"顺铣"和"逆铣"。

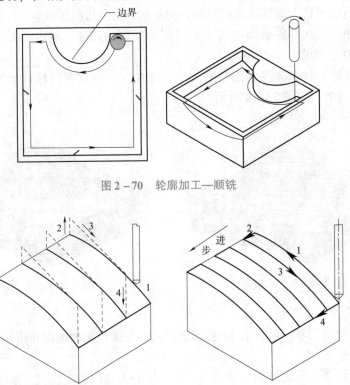

图 2-70　轮廓加工—顺铣

图 2-71　单向　　　　　　　　图 2-72　往复

5）单向轮廓

单向轮廓是一个单方向的单向切削类型，切削过程中刀具沿着步距的边界轮廓移动，如图 2-73 所示。

6）单向步进

单向步进创建带有切削"步距"的单向模式。图 2-74 所示为"单向步进"的切削和非切削移动序列，刀路 1 是一个切削运动，刀路 2、3 和 4 是非切削运动，刀路 5 是一个"步距"和切削运动，刀路 6 重复序列。

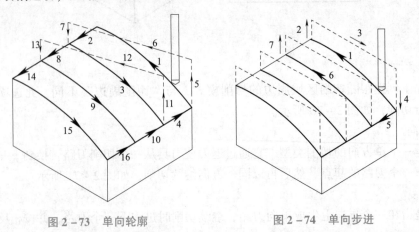

图 2-73　单向轮廓　　　　　　　　图 2-74　单向步进

7）同心模式

从用户指定的或系统计算的最优中心点创建逐渐增大的或逐渐减小的圆形切削模式，包括同心往复、同心单向、同心单向轮廓和同心单向步进等，如图2-75所示。

8）径向模式

从用户指定或系统计算出的最佳中点向外延伸，创建径向线性切削模式，包括径向往复、径向单向、径向单向轮廓和径向单向步进，如图2-76所示。

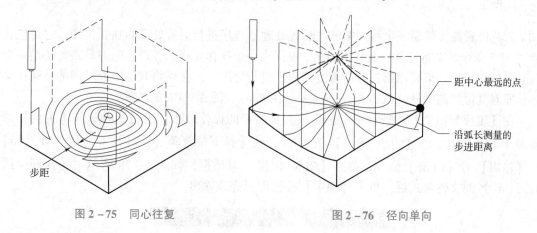

图2-75　同心往复　　　　　　　　　　图2-76　径向单向

3. 步距已应用

在【区域铣削驱动方法】对话框中以通过切换"在平面上"和"在工件上"来定义步距的测量方式。

（1）在平面上：选择"在平面上"方式，当系统生成用于操作的刀轨时，步距是在垂直于刀轴的平面上测量的，如图2-77所示。如果将此刀轨应用至具有陡峭壁的工件，那么此工件上实际的步距不相等，因此最适用于非陡峭区域。

（2）在工件上：选择"在工件上"方式，当系统生成用于操作的刀轨时，沿着工件测量步距，如图2-77所示。因为"在工件上"沿着工件测量步距，所以它适用于具有陡峭壁的工件。因此，可以对工件几何体较陡峭的部分维持更紧密的步距，以实现对残余高度的附加控制。

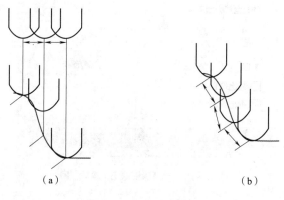

（a）　　　　　　　　　　　　　　（b）

图2-77　步距已应用
（a）在平面上；（b）在工件上

生成好刀具路径可输出刀具轨迹数据，包括"刀具位置源文件""NX POST 后处理"和"车间文档"3 种。下面介绍刀具路径后处理方式。

2.3.1 刀具位置源文件

刀具位置源文件是一个可用第三方后置处理器程序进行后置处理的独立文件，它是包含标准 APT 命令的文本文件，其扩展名为 .cls。当一个操作生成后，产生的刀具路径还是一个内部刀具路径。如果要用第三方后置处理程序进行处理，还必须将其输出成外部的 ASCII 文件，即刀具位置源文件（Cutter Location Source File），简称"CLSF 文件"。

在【工序导航器】中选择一个已生成刀具路径的操作或程序组，然后单击【主页】选项卡【工序】组中的【CLSF 输出】按钮 💼，或选择下拉菜单【工具】|【操作导航器】|【输出】|【CLSF】命令，弹出【CLSF 输出】对话框，如图 2 – 78 所示。选择好合适的刀具位置源文件格式后，单击【确定】按钮即可完成输出。

图 2 – 78 【CLSF 输出】对话框

【CLSF 格式】列表中显示能产生的 CLSF 样式：

CLSF_STANDARD：标准的 APT 类型，包括 GOTO 和其他的后处理语句。

CLSF_COMPRESSED：和 CLSF_STANDARD 相同，但没有 GOTO 指令，可用于用户观察

什么时候使用刀具和使用哪些刀具。

CLSF_ADVANCED：基于操作数据，自动生成主轴和刀具命令。

CLSF_BCL：表示 Binary Coded Language，是由美国海军研制开发的。

CLSF_ISO：国际标准格式的刀具位置源文件。

CLSF_IDEAS_MILL：用于铣削加工、与 IDEAS 兼容的刀具位置源文件。

CLSF_IDEAS_MILL_TURN：用于车削加工、与 IDEAS 兼容的刀具位置源文件。

2.3.2　NX POST 后处理

刀具位置源文件（CLSF）包含 GOTO 点位和控制刀具运动的其他信息，需要经过后处理（Post Processing）才能生成 NC 指令。UG NX 后处理器（NX POST）读取 NX 的内部刀具路径，生成适合指定机床的 NC 代码。

在【工序导航器】中选择一个已生成刀具路径的操作或程序组，然后单击【主页】选项卡【工序】组中的【后处理】按钮，或选择下拉菜单【工具】｜【操作导航器】｜【输出】｜【NX 后处理】命令，弹出【后处理】对话框，如图 2 – 79 所示。选择好合适的机床定义文件类型后，单击【确定】按钮，完成 NC 代码的生成输出。

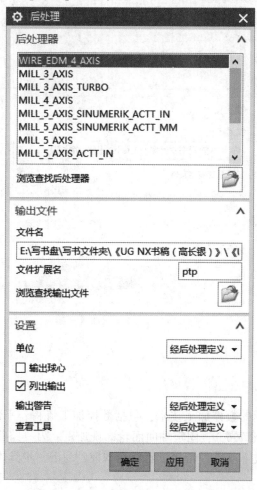

图 2 – 79　【后处理】对话框

2.3.3　车间文档

车间文档是一种加工信息文件，是机床操作人员加工零件的文档资料，它包括的信息有：零件几何、零件材料、控制几何、加工参数、加工次序、机床刀具设置、加工参数、机床刀具控制时间、后处理命令、刀具参数和刀具轨迹信息等。

在【工序导航器】中选择一个已生成刀具路径的操作或程序组，然后单击【主页】选项卡【工序】组中的【车间文档】按钮，或选择下拉菜单【工具】｜【操作导航器】｜【输出】｜【车间文档】命令，弹出【车间文档】对话框，如图2－80所示。在【报告格式】列表中选择是"TEXT"模板，则系统将生成一个纯文本格式的车间工艺文档；如果选择的是"HTML"模板，系统会生成一个超文件格式的车间工艺文档，单击"确定"按钮，完成NC代码的生成输出。

图2－80　【车间文档】对话框

2.4　本章小结

本章介绍了NX常用的数控加工技术，包括数控加工流程、平面铣加工、型腔铣加工、深度轮廓铣加工（等高轮廓铣）、固定轴曲面轮廓铣加工、刀具路径后处理等。这些内容都是NX数控加工编程的技术基础，希望读者认真掌握，为下一步具体应用奠定基础。

第 3 章　斜齿联轴器数控加工实例

齿形联轴器通常由两个组成部分通过齿槽和齿形配合成对使用，因此该类零件数控加工是生产中典型和常见的加工类型。本章以斜齿联轴器为例来介绍该类零件的数控加工方法和步骤。

 项目分解

◆ 平面铣加工
◆ 深度轮廓铣加工
◆ 固定轴曲面轮廓铣

3.1　斜齿联轴器零件数控加工分析

如图 3–1 所示，斜齿联轴器的两个组成部分，一般成对使用，要加工的面为各齿槽及齿形，毛坯锻造成型，材料 45 钢。

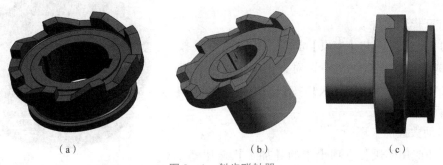

（a）　　　　　　　　　　（b）　　　　　　　　　　（c）

图 3–1　斜齿联轴器

（a）半联轴器 1；（b）半联轴器 2；（c）联轴器配合状态

3.1.1　斜齿联轴器结构分析

斜齿联轴器零件为回转体，半联轴器 1 尺寸为 $\phi400$ mm $\times 180$ mm，半联轴器 2 尺寸为 $\phi400$ mm $\times 240$ mm，每齿齿厚为 30 mm，齿深为 30 mm，成对使用。

3.1.2　工艺分析与加工方案

1. 斜齿联轴器工艺分析

半联轴器的回转特征都是采用车削加工，零件内孔键槽采用插削加工，齿槽及齿形采用数控铣削加工，成对使用的2件半联轴器钳工配研齿形面，保证接触率。

2. 斜齿联轴器加工工艺方案

斜齿联轴器工艺流程为：锻造→粗车→调质热处理→精车→划线→铣齿槽及齿形→插键槽→钳工配研齿形面→齿形表面淬火。

斜齿联轴器零件数控铣削加工方案如表3-1所示。

表3-1 斜齿联轴器零件数控加工方案

工序号	工步内容	刀号	刀具类型	切削用量		
				主轴转速 /（r·min⁻¹）	进给速度 /（mm·m⁻¹）	背吃刀量 /mm
1	直槽粗加工	1	φ30 立铣刀	3 000	1 500	2
2	斜槽粗加工	1	φ30 立铣刀	2 000	1 000	—
3	直槽半精加工	1	φ30 立铣刀	2 000	1 000	2
4	斜槽半精加工	1	φ30 立铣刀	2 000	1 000	1
5	直槽精加工	1	φ30 立铣刀	2 000	1 000	2
6	斜面精加工	2	φ32R5 圆角刀	2 000	1 500	0.5

3.2 NX 斜齿联轴器数控编程加工

根据工艺分析和加工方案，采用 NX 对斜齿联轴进行数控加工编程，具体操作过程如下：

3.2.1 启动数控加工环境

1. 打开模型文件

启动 NX 后，单击【主页】选项卡的【打开】按钮，弹出【打开部件文件】对话框，选择"斜齿联轴器 CAD. prt"，单击【OK】按钮，文件打开后如图 3-2 所示。

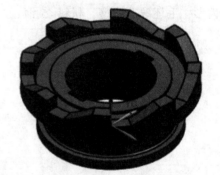

2. 启动数控加工环境

单击【应用模块】选项卡中的【加工】按钮，系统弹出【加工环境】对话框，在【CAM 会话配置】中选择"cam_general"，在【要创建的 CAM 组装】中

图3-2 打开模型零件

选择"mill_planar"，单击【确定】按钮，初始化加工环境，如图 3-3 所示。

3.2.1.1 创建加工几何组

单击上边框条【工序导航器组】的【几何视图】按钮，将【工序导航器】切换到几何视图显示。

1. 创建加工坐标系和安全平面

（1）双击【工序导航器】窗口中的【MCS_MILL】图标 MCS，弹出【MCS 铣削】对话框，如图 3-4 所示。

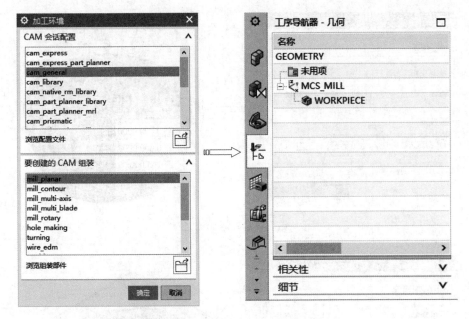

图 3 – 3　启动 NX CAM 加工环境

图 3 – 4　【MCS 铣削】对话框

（2）设置加工坐标系原点。单击【机床坐标系】组框中的【CSYS】按钮，弹出【坐标系】对话框，拖动坐标原点在图形窗口中捕捉如图 3 – 5 所示的圆心，单击【确定】按钮返回【MCS 铣削】对话框。

（3）设置安全平面。在【安全设置】组框【安全设置选项】下拉列表中选择【平面】选项，然后单击【平面】按钮，弹出【平面】对话框，选择毛坯上表面设置高度50 mm，单击【确定】按钮，完成安全平面设置，如图 3 – 6 所示。

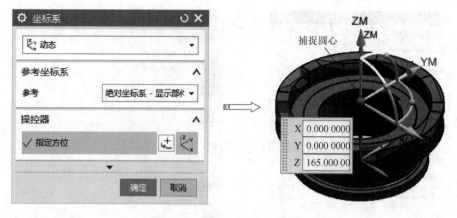

图 3 - 5　移动确定加工坐标系

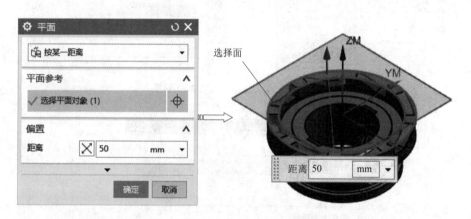

图 3 - 6　设置安全平面

2. 创建部件几何和毛坯几何

（1）在【工序导航器】中双击【WORKPIECE】图标，弹出【工件】对话框，如图 3 - 7 所示。

图 3 - 7　【工件】对话框

（2）创建部件几何体。单击【几何体】组框【指定部件】选项后的【选择或编辑部件几何体】按钮，弹出【部件几何体】对话框，选择如图 3-8 所示的实体，单击【确定】按钮，返回【部件几何体】对话框。

图 3-8　选择部件几何体

（3）创建毛坯几何体。单击【几何体】组框【指定毛坯】选项后的【选择或编辑毛坯几何体】按钮，弹出【毛坯几何体】对话框，在【类型】下拉列表中选择【几何体】选项，选择图层 5 上如图 3-9 所示的实体，单击【确定】按钮，完成毛坯几何体的创建。

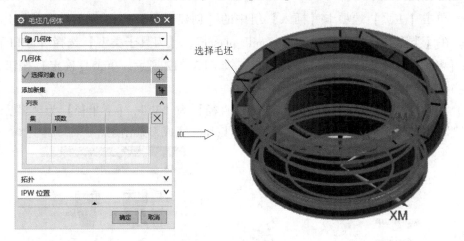

图 3-9　选择毛坯几何体

3.2.1.2　创建刀具组

单击上边框条【工序导航器组】上的【几何视图】按钮，将【工序导航器】切换到几何视图显示。

1. 创建平底刀 D30

（1）单击【主页】选项卡【插入】组中的【创建刀具】按钮，弹出【创建刀具】对话框。在【类型】下拉列表中选择 "mill_planar"，【刀具子类型】选择【MILL】图标，在【名称】文本框中输入 "T1D30"，如图 3-10 所示。单击【确定】按钮，弹出【铣刀-5 参数】对话框。

（2）在【铣刀-5参数】对话框中设定【直径】为"30"，【下半径】为"0"，【刀具号】为"1"，如图3-11所示。单击【确定】按钮，完成刀具创建。

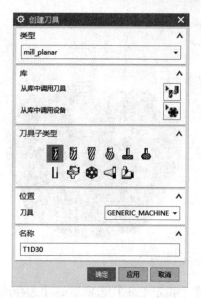

图3-10 【创建刀具】对话框

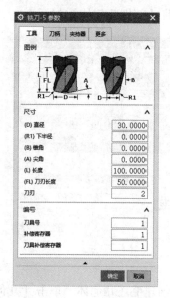

图3-11 【铣刀-5参数】对话框

2. 创建圆角刀 D32R5

（1）单击【主页】选项卡【插入】组中的【创建刀具】按钮，弹出【创建刀具】对话框。在【类型】下拉列表中选择"mill_planar"，【刀具子类型】选择【MILL】图标，在【名称】文本框中输入"T2D32R5"，如图3-12所示。单击【确定】按钮，弹出【铣刀-5参数】对话框。

（2）在【铣刀-5参数】对话框中设定【直径】为"32"，【下半径】为"5"，【刀具号】为"2"，如图3-13所示。单击【确定】按钮，完成刀具创建。

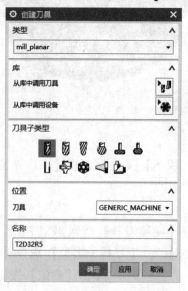

图3-12 【创建刀具】对话框

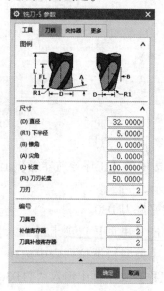

图3-13 【铣刀-5参数】对话框

3.2.1.3　创建方法组

（1）单击【主页】选项卡【插入】组中的【创建程序】按钮 ![icon]，弹出【创建程序】对话框，【名称】为"粗加工"，单击【确定】按钮，如图3－14所示。弹出【程序】对话框，默认参数，单击【确定】按钮，如图3－15所示。

图3－14　【创建程序】对话框　　　　　图3－15　【程序】对话框

（2）重复上述过程创建"半精加工""精加工"程序组，如图3－16所示。

图3－16　创建半精加工和精加工程序

3.2.2　创建斜齿联轴器粗加工

3.2.2.1　创建直槽平面铣粗加工铣削刀路

1. 创建平面铣加工

（1）单击【主页】选项卡【插入】组中的【创建工序】按钮 ![icon]，弹出【创建工序】对话框，【类型】为"mill_planar"，【工序子类型】为第1行第5个图标 ![icon]（PLANAR_MILL），【程序】为"粗加工"，【刀具】为"T1D30"，【几何体】为"WORKPIECE"，【方法】为"MEHTOD"，【名称】为"CU_PMILL"，如图3－17所示。

（2）单击【确定】按钮，弹出【平面铣】对话框，如图3－18所示。

图 3 –17 【创建工序】对话框

图 3 –18 【平面铣】对话框

2. 选择加工几何

（1）在【几何体】组框中，单击【指定部件边界】后的【选择或编辑面几何体】按钮
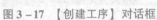，弹出【部件边界】对话框，【平面】为"指定"，选择如图 3 – 19 所示的平面，然后
【模式】为"曲线/边"，【边界类型】为"开放"，【刀具侧】为"右"，选择如图 3 – 19 所
示的 2 条边线，单击【确定】按钮返回。

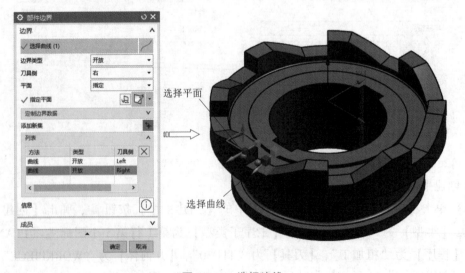

图 3 – 19　选择边线

（2）在【几何体】组框中，单击【指定底面】后的【选择或编辑底面几何体】按钮，弹出【平面】对话框，选择如图 3 - 20 所示的腔槽底面，单击【确定】按钮返回。

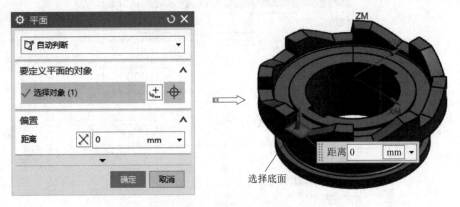

图 3 - 20　选择底面

3. 选择切削模式和设置切削用量

在【刀轨设置】组框中【切削模式】为"轮廓"，【步距】为"% 刀具平直"，【平面直径百分比】为"50"，如图 3 - 21 所示。

图 3 - 21　设置刀轨参数

4. 设置切削深度

单击【切削层】按钮，弹出【切削层】对话框，选择【类型】为"恒定"，【公共】为"2"，其他参数如图 3 - 22 所示。单击【确定】按钮，返回【平面铣】对话框。

5. 设置切削参数

单击【刀轨设置】组框中的【切削参数】按钮，弹出【切削参数】对话框，设置切削加工参数。

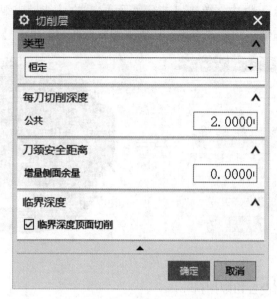

图 3 – 22 【切削层】对话框

【策略】选项卡：【切削方向】为"顺铣"，【切削顺序】为"层优先"，其他接受默认设置，如图 3 – 23 所示。

【余量】选项卡：【部件余量】为"1"，【最终底面余量】为"1"，如图 3 – 24 所示。

图 3 – 23 【策略】选项卡

图 3 – 24 【余量】选项卡

单击【切削参数】对话框中的【确定】按钮，完成切削参数设置。

6. 设置非切削参数

单击【刀轨设置】组框中的【非切削移动】按钮 ⊞，弹出【非切削移动】对话框。

【进刀】选项卡：【进刀类型】为"线性"，【长度】为30%，【高度】为0，【最小安全距离】为"修剪和延伸"，【最小安全距离】为20%，其他参数设置如图 3 – 25 所示。

【退刀】选项卡：【退刀类型】为"与进刀相同"，其他参数设置如图 3 – 26 所示。

图 3-25 【进刀】选项卡　　　　　图 3-26 【退刀】选项卡

【转移/快速】选项卡：【区域之间】的【转移类型】为"直接"，【区域内】的【转移类型】为"前一平面"，其他参数设置如图 3-27 所示。

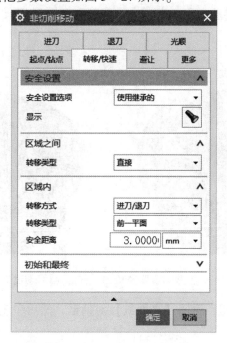

图 3-27 【转移/快速】选项卡

单击【非切削移动】对话框中的【确定】按钮，完成非切削参数设置。

7. 设置切削速度

单击【刀轨设置】组框中的【进给率和速度】按钮，弹出【进给率和速度】对话框。设置【主轴速度】为 3 000 r/min，进给率【切削】为"1 500"，单位为"毫米/分钟（mm/min）"，其他接受默认设置，如图 3-28 所示。

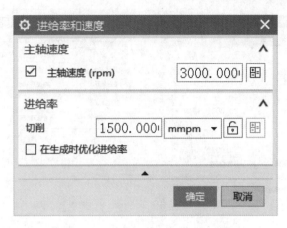

图 3 – 28 【进给率和速度】对话框

8. 生成刀具路径并验证

（1）单击该对话框底部【操作】组框中的【生成】按钮⚡，可在操作对话框下生成刀具路径，如图 3 – 29 所示。

（2）单击【操作】组框中的【确认】按钮🔧，弹出【刀轨可视化】对话框，然后选择【2D 动态】选项卡，单击【播放】按钮▶，可进行 2D 动态刀具切削过程模拟，如图 3 – 29 所示。

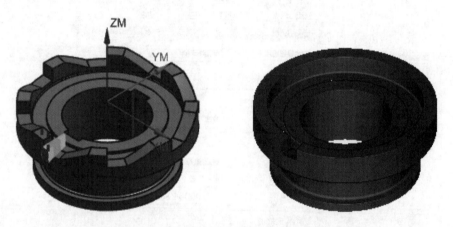

图 3 – 29　生成刀具路径和 2D 动态刀具切削过程模拟

（3）单击【确定】按钮，返回【平面铣】对话框，然后单击【确定】按钮，完成加工操作。

3.2.2.2　创建斜槽等高轮廓铣粗加工铣削刀路

单击上边框条【工序导航器组】上的【几何视图】按钮🔲，将【工序导航器】切换到几何视图显示。

1. 创建工序

（1）单击【主页】选项卡【插入】组中的【创建工序】按钮🔧，弹出【创建工序】对话框。【类型】为 "mill_contour"，【操作子类型】为第 1 行第 6 个图标🔲（ZLEVEL_PROFILE），【程序】为 "粗加工"，【刀具】为 "T1D30"，【几何体】为 "WORKPIECE"，【方法】选择

"METHOD"，【名称】为"CU_ZPROFILE"，如图 3 – 30 所示。

（2）单击【确定】按钮，弹出【深度轮廓铣】对话框，如图 3 – 31 所示。

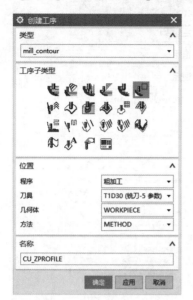

图 3 – 30 【创建工序】对话框   图 3 – 31 【深度轮廓铣】对话框

2. 选择切削区域

单击【几何体】组框中【指定切削区域】选项后的【选择或编辑切削区域】按钮 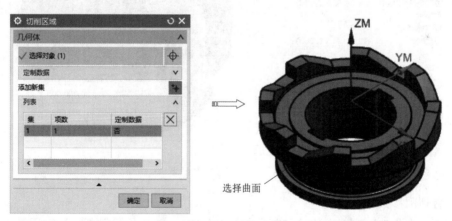，弹出【切削区域】对话框。在图形区选择如图 3 – 32 所示的 1 个曲面作为切削区域，单击【确定】按钮完成。

图 3 – 32 选择切削区域

3. 设置切削层

（1）单击【刀轨设置】组框中的【切削层】按钮，弹出【切削层】对话框，【范围类型】为"单个"，【最大距离】为"1"，如图 3 – 33 所示。

（2）在【范围定义】选项中单击【选择对象】按钮，然后选择如图 3 – 34 所示的平面作为范围底面轮廓线。

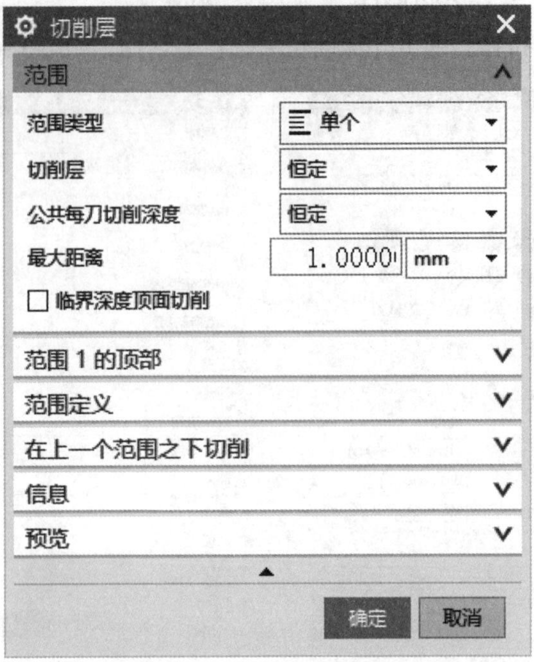

图 3－33　【切削层】对话框

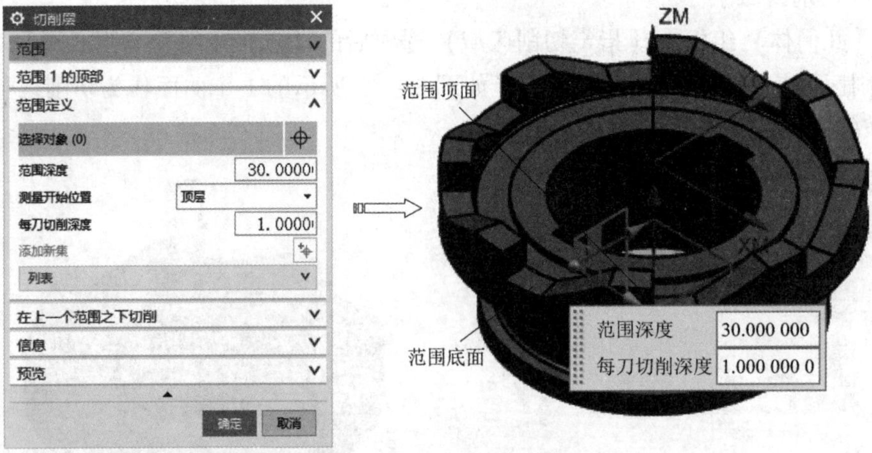

图 3－34　设置范围深度

4. 设置切削参数

单击【刀轨设置】组框中的【切削参数】按钮，弹出【切削参数】对话框，进行切削参数设置。

【策略】选项卡：【切削方向】为“混合”，其他参数设置如图 3－35 所示。

【余量】选项卡：选中【使底面余量与侧面余量一致】复选框，【部件侧面余量】为 1 mm，【内公差】和【外公差】为“0.03”，如图 3－36 所示。

单击【切削参数】对话框中的【确定】按钮，完成切削参数设置。

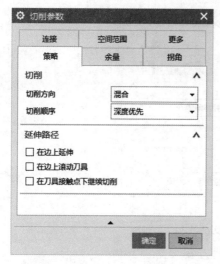
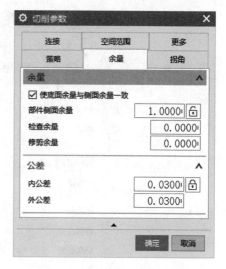

图 3-35 【策略】选项卡　　　　　　　图 3-36 【余量】选项卡

5. 设置非切削参数

单击【刀轨设置】组框中的【非切削移动】按钮⬚，弹出【非切削移动】对话框。

【进刀】选项卡：【进刀类型】为"线性"，【最小安全距离】为"修剪和延伸"，【最小安全距离】为30%，其他参数设置如图 3-37 所示。

【退刀】选项卡：【退刀类型】为"与进刀相同"，其他参数设置如图 3-38 所示。

图 3-37 【进刀】选项卡　　　　　　　图 3-38 【退刀】选项卡

【转移/快速】选项卡：【区域之间】的【转移类型】为"安全距离－刀轴"，【区域内】的【转移类型】为"直接"，其他参数设置如图 3-39 所示。

单击【非切削移动】对话框中的【确定】按钮，完成非切削参数设置。

图 3 – 39 【转移/快速】选项卡

6. 设置进给率和速度参数

单击【刀轨设置】组框中的【进给率和速度】按钮，弹出【进给率和速度】对话框。设置【主轴速度】为 2 000 r/min，进给率【切削】为 "1 000"，单位为 "毫米/分钟（mm/min）"，其他参数设置如图 3 – 40 所示。

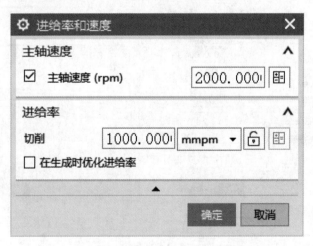

图 3 – 40 【进给率和速度】对话框

7. 生成刀具路径并验证

（1）在【工序】对话框中完成参数设置后，单击该对话框底部【操作】组框中的【生成】按钮 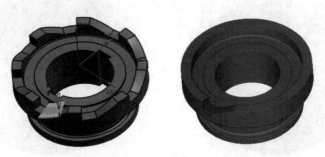，可在操作对话框下生成刀具路径，如图 3-41 所示。

（2）单击【工序】对话框底部【操作】组框中的【确认】按钮，弹出【刀轨可视化】对话框，然后选择【2D 动态】选项卡，单击【播放】按钮 ▶，可进行 2D 动态刀具切削过程模拟，如图 3-41 所示。

图 3-41　生成刀具路径与 2D 动态刀具切削过程模拟

（3）单击【确定】按钮，返回【深度轮廓铣】对话框，然后单击【确定】按钮，完成轮廓铣加工操作。

3.2.2.3　旋转复制刀轨

（1）在【操作导航器】窗口中选中 CU_PMILL、CU_ZPROFILE 加工操作，单击鼠标右键，在弹出的快捷菜单中选择【对象】→【变换】命令，在弹出的【变换】对话框中选择【类型】为"绕直线旋转"，在【变换参数】选项中选择【直线方法】为"点和矢量"，点的坐标为（0，0，0），【指定矢量】为"ZC"，在【结果】选项中选择"实例"，【距离/角度分割】为"8"，【实例数】为"7"，如图 3-42 所示。

图 3-42　【变换】对话框

（2）单击【变换】对话框中的【确定】按钮，完成刀轨变换操作，如图 3－43 所示。

（3）在【操作导航器】中选中所有的操作，单击【操作】工具栏上的【确认刀轨】按钮 ，可验证所设置的刀轨，如图 3－44 所示。

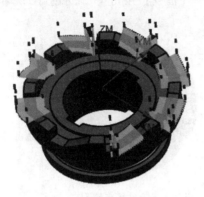

图 3－43　旋转复制的切削刀具路径　　　　图 3－44　刀具路径切削验证

3.2.3　创建斜齿联轴器半精加工

3.2.3.1　创建直槽平面铣半精加工铣削刀路

1. 复制工序

（1）在【工序导航器】窗口选择"CU_PMILL"操作，单击鼠标右键，在弹出的快捷菜单中选择【复制】命令，如图 3－45 所示。

（2）选中"半精加工"节点，单击鼠标右键，在弹出的快捷菜单中选择【内部粘贴】命令，粘贴工序并重命名为 BJ_PMILL，如图 3－45 所示。

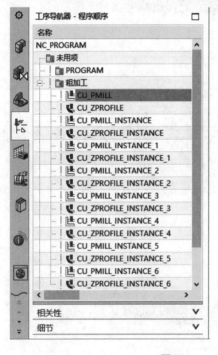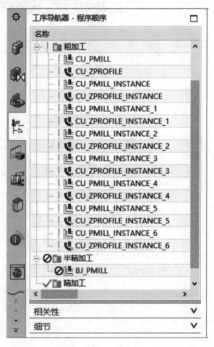

图 3－45　复制、粘贴工序

2. 编辑部件边界

在【几何体】组框中，单击【指定面边界】后的【选择或编辑面几何体】按钮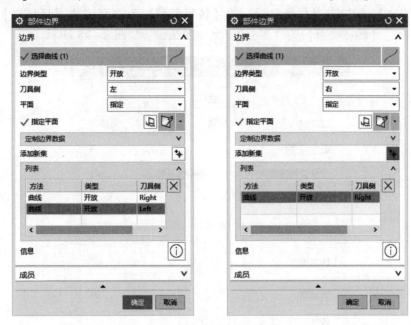，弹出【部件边界】对话框，删除如图 3 –46 所示的边界曲线，单击【确定】按钮返回。

图 3 –46 【部件边界】对话框

3. 设置切削参数

单击【刀轨设置】组框中的【切削参数】按钮，弹出【切削参数】对话框，进行切削参数设置。

【余量】选项卡：取消【使底面余量与侧面余量一致】复选框，【部件余量】为 0.5 mm，【内公差】【外公差】为 "0.03"，如图 3 –47 所示。

图 3 –47 【余量】选项卡

单击【切削参数】对话框中的【确定】按钮，完成切削参数设置。

4. 设置非切削参数

单击【刀轨设置】组框中的【非切削移动】按钮，弹出【非切削移动】对话框。

【转移/快速】选项卡：【区域之间】的【转移类型】为"直接"，【区域内】的【转移方式】为"无"，【转移类型】为"直接"，其他参数设置如图3-48所示。

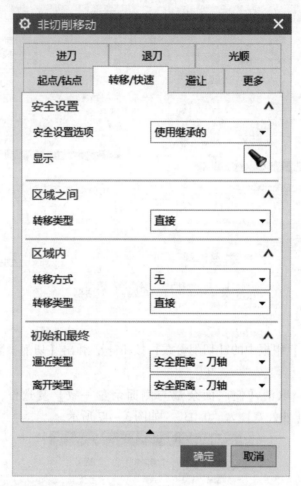

图3-48 【转移/快速】选项卡

单击【非切削移动】对话框中的【确定】按钮，完成非切削参数设置。

5. 生成刀具路径并验证

（1）单击该对话框底部【操作】组框中的【生成】按钮，可在操作对话框下生成刀具路径，如图3-49所示。

（2）单击【操作】组框中的【确认】按钮，弹出【刀轨可视化】对话框，然后选择【2D动态】选项卡，单击【播放】按钮，可进行2D动态刀具切削过程模拟，如图3-49所示。

（3）单击【确定】按钮，返回【平面铣】对话框，然后单击【确定】按钮，完成加工操作。

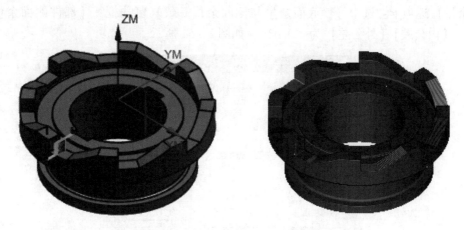

图 3 - 49 刀具路径和 2D 动态工具切削过程模拟

3.2.3.2 创建斜槽等高轮廓铣半精加工铣削刀路

1. 复制工序

（1）在【工序导航器】窗口选择"CU_ZPROFILE"操作，单击鼠标右键，在弹出的快捷菜单中选择【复制】命令，如图 3 - 50 所示。

（2）选中"BJ_PMILL"节点，单击鼠标右键，在弹出的快捷菜单中选择【内部粘贴】命令，粘贴工序并重命名为 BJ_ZPROFILE，如图 3 - 50 所示。

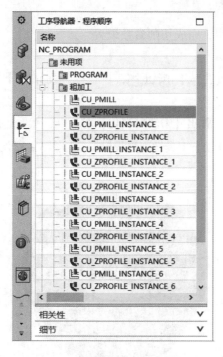
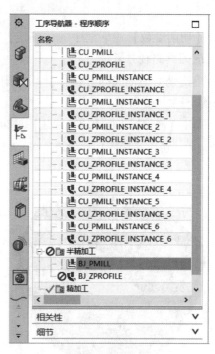

图 3 - 50 复制、粘贴工序

2. 设置切削参数

单击【刀轨设置】组框中的【切削参数】按钮，弹出【切削参数】对话框，进行切削参数设置。

【余量】选项卡：选中【使底面余量与侧面余量一致】复选框，【部件侧面余量】为0.5 mm，【内公差】【外公差】为"0.03"，如图3-51所示。

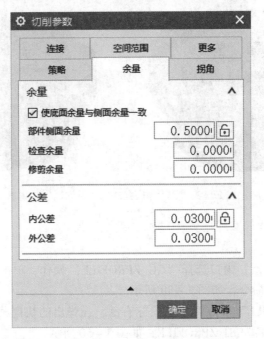

图3-51 【余量】选项卡

单击【切削参数】对话框中的【确定】按钮，完成切削参数设置。

3. 生成刀具路径并验证

（1）单击该对话框底部【操作】组框中的【生成】按钮，可在操作对话框下生成刀具路径，如图3-52所示。

（2）单击【操作】组框中的【确认】按钮，弹出【刀轨可视化】对话框，然后选择【2D动态】选项卡，单击【播放】按钮▶，可进行2D动态刀具切削过程模拟，如图3-52所示。

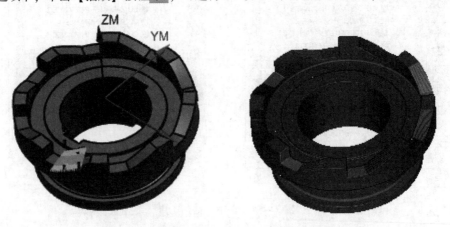

图3-52 刀具路径和2D动态刀具切削过程模拟

（3）单击【确定】按钮，返回【平面铣】对话框，然后单击【确定】按钮，完成加工操作。

3.2.3.3　旋转复制刀轨

（1）在【操作导航器】窗口中选中 BJ_PMILL、BJ_ZPROFILE 加工操作，单击鼠标右键，在弹出的快捷菜单中选择【对象】→【变换】命令，在弹出的【变换】对话框中选择【类型】为"绕直线旋转"，在【变换参数】选项中选择【直线方法】为"点和矢量"，点的坐标为（0，0，0），【指定矢量】为"ZC"，在【结果】选项中选择"实例"，【距离/角度分割】为"8"，【实例数】为"7"，如图 3-53 所示。

图 3-53　【变换】对话框

（2）单击【变换】对话框中的【确定】按钮，完成刀轨变换操作，如图 3-54 所示。

（3）在【操作导航器】中选中所有的操作，单击【操作】工具栏上的【确认刀轨】按钮，可验证所设置的刀轨，如图 3-55 所示。

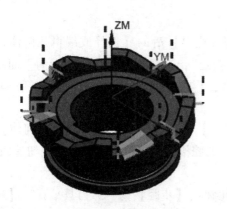

图 3-54　旋转复制的切削刀具路径

图 3-55　刀具路径切削验证

3.2.4　创建斜齿联轴器精加工

3.2.4.1　创建直槽平面铣精加工铣削刀路

1. 创建平面铣加工

（1）单击【主页】选项卡【插入】组中的【创建工序】按钮，弹出【创建工序】对话框，【类型】为"mill_planar"，【工序子类型】为第1行第5个图标（PLANAR_MILL），【程序】为"精加工"，【刀具】为"T1D30"，【几何体】为"WORKPIECE"，【方法】为"MEHTOD"，【名称】为"JING_PMILL"，如图3-56所示。

（2）单击【确定】按钮，弹出【平面铣】对话框，如图3-57所示。

图3-56　【创建工序】对话框　　　　　图3-57　【平面铣】对话框

2. 选择加工几何

（1）在【几何体】组框中，单击【指定部件边界】后的【选择或编辑几何体】按钮，弹出【部件边界】对话框，【平面】为"指定"，选择如图3-58所示的平面，然后【模式】为"曲线/边"，【边界类型】为"开放"，【刀具侧】为"左"，选择如图3-58所示的边线，单击【确定】按钮返回。

（2）在【几何体】组框中，单击【指定底面】后的【选择或编辑底面几何体】按钮，弹出【平面】对话框，选择如图3-59所示的腔槽底面，单击【确定】按钮返回。

3. 选择切削模式和设置切削用量

在【刀轨设置】组框中【切削模式】为"轮廓"，【步距】为"%刀具平直"，【平面直径百分比】为"50"，如图3-60所示。

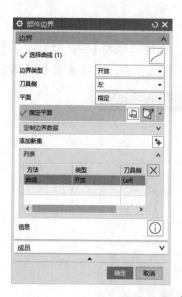
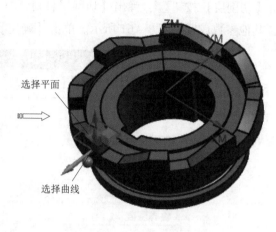

图 3 – 58　选择边线

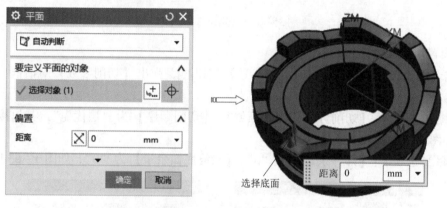

图 3 – 59　选择底面

图 3 – 60　设置刀轨参数

4. 设置切削层

单击【切削层】按钮，弹出【切削层】对话框，选择【类型】为"恒定"，【公共】为"1"，其他参数设置如图3-61所示。单击【确定】按钮，返回【平面铣】对话框。

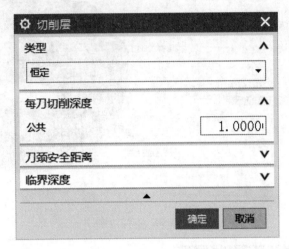

图3-61 【切削层】对话框

5. 设置切削参数

单击【刀轨设置】组框中的【切削参数】按钮，弹出【切削参数】对话框，设置切削加工参数。

【策略】选项卡：【切削方向】为"顺铣"，【切削顺序】为"层优先"，其他接受默认设置，如图3-62所示。

【余量】选项卡：【部件余量】为"0"，【最终底面余量】为"0"，如图3-63所示。

图3-62 【策略】选项卡

图3-63 【余量】选项卡

单击【切削参数】对话框中的【确定】按钮，完成切削参数设置。

6. 设置非切削参数

单击【刀轨设置】组框中的【非切削移动】按钮，弹出【非切削移动】对话框。

【进刀】选项卡：【进刀类型】为"线性"，【最小安全距离】为"修剪和延伸"，【最小安全距离】为20%，其他参数设置如图3-64所示。

【退刀】选项卡：【退刀类型】为"与进刀相同"，其他参数设置如图3-65所示。

 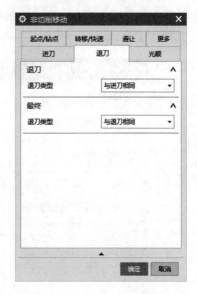

图3-64　【进刀】选项卡　　　　　图3-65　【退刀】选项卡

【转移/快速】选项卡：【区域之间】的【转移类型】为"安全距离-刀轴"，【区域内】的【转移类型】为"直接"，其他参数设置如图3-66所示。

图3-66　【转移/快速】选项卡

单击【非切削移动】对话框中的【确定】按钮，完成非切削参数设置。

7. 设置切削速度

单击【刀轨设置】组框中的【进给率和速度】按钮🐞，弹出【进给率和速度】对话框。设置【主轴速度】为 2 000 r/min，进给率【切削】为 "1 000"，单位为 "毫米/分钟（mm/min）"，其他接受默认设置，如图 3-67 所示。

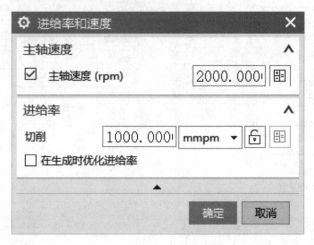

图 3-67 【进给率和速度】对话框

8. 生成刀具路径并验证

（1）单击该对话框底部【操作】组框中的【生成】按钮🖱，可在操作对话框下生成刀具路径，如图 3-68 所示。

（2）单击【操作】组框中的【确认】按钮🖲，弹出【刀轨可视化】对话框，然后选择【2D 动态】选项卡，单击【播放】按钮▶，可进行 2D 动态刀具切削过程模拟，如图 3-68 所示。

（3）单击【确定】按钮，返回【平面铣】对话框，然后单击【确定】按钮，完成加工操作。

9. 复制工序

（1）在【工序导航器】窗口选择 "JING_PMILL" 操作，单击鼠标右键，在弹出的快捷菜单中选择【复制】命令，如图 3-69 所示。

图 3-68 刀具路径和 2D 动态
刀具切削过程模拟

（2）选中 "JING_PMILL" 节点，单击鼠标右键，在弹出的快捷菜单中选择【内部粘贴】命令，粘贴工序，如图 3-69 所示。

10. 选择加工几何

（1）在【几何体】组框中，单击【指定面边界】后的【选择或编辑面几何体】按钮🔲，弹出【部件边界】对话框，【平面】为 "指定"，选择如图 3-70 所示的平面，然后【模式】为 "曲线/边"，【边界类型】为 "开放"，【刀具侧】为 "右"，选择如图 3-70 所示的边线，单击【确定】按钮返回。

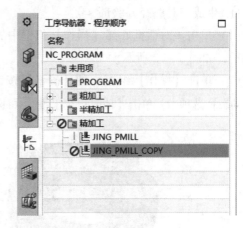

图 3－69　复制粘贴工序

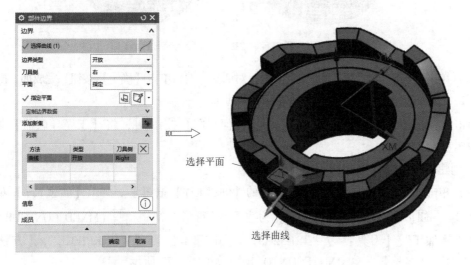

选择平面

选择曲线

图 3－70　选择边线

（2）在【几何体】组框中，单击【指定底面】后的【选择或编辑底面几何体】按钮，弹出【平面】对话框，选择如图 3－71 所示的腔槽底面，单击【确定】按钮返回。

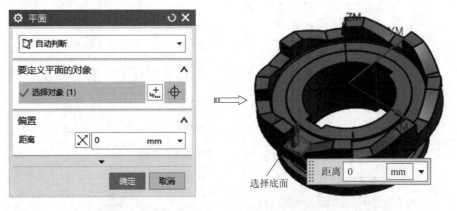

选择底面

图 3－71　选择底面

11. 生成刀具路径并验证

（1）单击该对话框底部【操作】组框中的【生成】按钮🖐，可在操作对话框下生成刀具路径，如图 3 - 72 所示。

（2）单击【操作】组框中的【确认】按钮🔁，弹出【刀轨可视化】对话框，然后选择【2D 动态】选项卡，单击【播放】按钮▶，可进行 2D 动态刀具切削过程模拟，如图 3 - 72 所示。

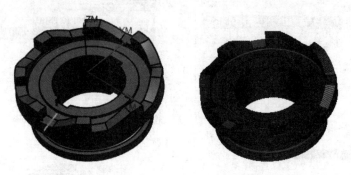

图 3 - 72　刀具路径和 2D 动态刀具切削过程模拟

（3）单击【确定】按钮，返回【平面铣】对话框，然后单击【确定】按钮，完成加工操作。

3.2.4.2　创建斜面固定轴曲面轮廓铣精加工

单击上边框条【工序导航器组】上的【几何视图】按钮🍴，将【工序导航器】切换到几何视图显示。

1. 创建固定轴曲面轮廓铣工序

（1）单击【主页】选项卡【插入】组中的【创建工序】按钮🔩，弹出【创建工序】对话框。【类型】为 "mill_contour"，【工序子类型】为选择第 2 行第 2 个图标⬇（FIXED_CONTOUR），【程序】为 "精加工"，【刀具】为 "T2D32R5"，【几何体】为 "WORKPIECE"，【方法】为 "METHOD"，【名称】为 "JING_FCONTOUR"，如图 3 - 73 所示。

（2）单击【确定】按钮，弹出【固定轮廓铣】对话框，如图 3 - 74 所示。

图 3 - 73　【创建工序】对话框　　图 3 - 74　【固定轮廓铣】对话框

2. 选择切削区域

单击【几何体】组框中【指定切削区域】选项后的【选择或编辑切削区域】按钮 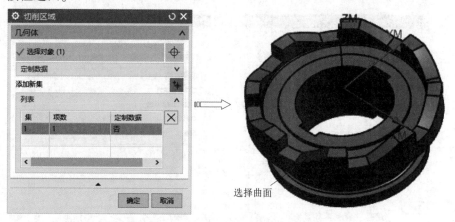，弹出【切削区域】对话框。在图形区选择如图 3 - 75 所示的 1 个曲面作为切削区域，单击【确定】按钮返回。

选择曲面

图 3 - 75　选择切削区域

3. 选择驱动方法并设置驱动参数

（1）在【驱动方式】组框中的【方法】下拉列表中选取"区域铣削"，弹出【区域铣削驱动方法】对话框，选择【非陡峭切削模式】为"同心单向"，【步距】为"恒定"，【最大距离】为 1 mm，如图 3 - 76 所示。

（2）【刀路中心】为"指定"，【指定点】选择【圆心】图标 ⊙ ▾，在图形区选择如图 3 - 77 所示的圆弧中心。

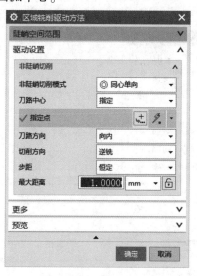

图 3 - 76　选择区域铣削驱动方法

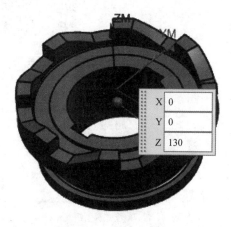

图 3 - 77　选择刀路中心

（3）单击【确定】按钮，完成驱动方法设置，返回【固定轮廓铣】对话框。

4. 设置切削参数

单击【刀轨设置】组框中的【切削参数】按钮 ，弹出【切削参数】对话框，设置切削参数。

【余量】选项卡：【部件余量】为 0，其他接受默认设置，如图 3 - 78 所示。

【多刀路】选项卡：【部件余量偏置】为 "1"，【步进方法】为 "增量"，【增量】为 "0.5"，如图 3 - 79 所示。

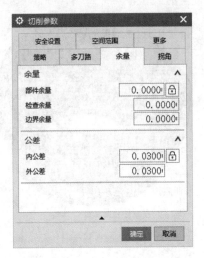 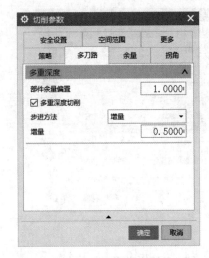

图 3 - 78 【余量】选项卡　　　　　图 3 - 79 【多刀路】选项卡

单击【切削参数】对话框中的【确定】按钮，完成切削参数设置。

5. 设置非切削参数

单击【刀轨设置】组框中的【非切削参数】按钮，弹出【非切削移动】对话框，进行非切削参数设置。

【光顺】选项卡：选中【替代为光顺连接】复选框，其他参数设置如图 3 - 80 所示。

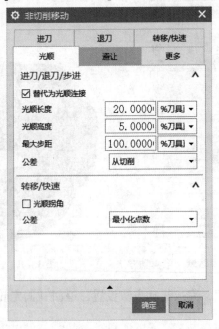

图 3 - 80 【光顺】选项卡

单击【非切削参数】对话框中的【确定】按钮,完成非切削参数设置。

6. 设置进给参数

单击【刀轨设置】组框中的【进给率和速度】按钮![icon],弹出【进给率和速度】对话框。设置【主轴速度】为 2 000 r/min,进给率【切削】为"1 500",单位为"毫米/分钟(mm/min)",其他接受默认设置,如图 3 – 81 所示。

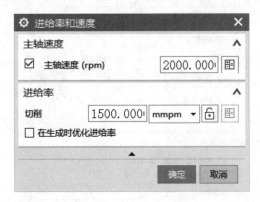

图 3 – 81 【进给率和速度】对话框

7. 生成刀具路径并验证

(1) 在【工序】对话框中完成参数设置后,单击该对话框底部【操作】组框中的【生成】按钮![icon],可生成该操作的刀具路径,如图 3 – 82 所示。

(2) 单击【工序】对话框底部【操作】组框中的【确认】按钮![icon],弹出【刀轨可视化】对话框,然后选择【2D 动态】选项卡,单击【播放】按钮▶,可进行 2D 动态刀具切削过程模拟,如图 3 – 82 所示。

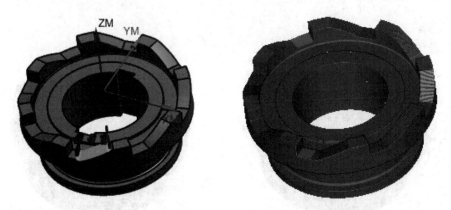

图 3 – 82 生成刀具路径与 2D 动态刀具切削过程模拟

(3) 单击【固定轮廓铣】对话框中的【确定】按钮,接受刀具路径,并关闭【固定轮廓铣】对话框。

3.2.4.3 旋转复制刀轨

(1) 在【操作导航器】窗口中选中 JING_PMILL、CU_ZLEVEL 加工操作,单击鼠标右键,在弹出的快捷菜单中选择【对象】→【变换】命令,在弹出的【变换】对话框中【类型】选择为"绕直线旋转",在【变换参数】选项中选择【直线方法】为"点和矢量",点的坐标为(0,0,0),【指定矢量】为"ZC",在【结果】选项中选择"实例",【距离/角度分割】为"8",【实例数】为"7",如图3-83所示。

图3-83 【变换】对话框

（2）单击【变换】对话框中的【确定】按钮，完成刀轨变换操作，如图3-84所示。

（3）在【操作导航器】中选中所有的操作，单击【操作】工具栏上的【确认刀轨】按钮，可验证所设置的刀轨，如图3-85所示。

图3-84 旋转复制的切削刀具路径

图3-85 刀具路径切削验证

3.3 本章小结

本章通过斜齿联轴器实例来具体讲解NX 3轴数控加工方法和步骤，希望通过本章的学习，使读者掌握平面铣、深度轮廓铣、固定轴曲面轮廓方法在数控加工的基本应用。

第4章 气体接管数控加工实例

气体接管用于气体管连接，由接口、内外型面组成，该类零件是接管中典型零件。本章以某气体接管为例来介绍该类零件的数控加工方法和步骤。

项目分解

◆ 粗车加工
◆ 端面车削加工
◆ 平面轮廓铣加工
◆ 等高轮廓铣加工
◆ 固定轴曲面轮廓铣加工

4.1 气体接管零件数控加工分析

气体接管用于气体管连接，该模型较为复杂，主要包括接口、内外型面。如图4-1所示，绿色区域为车削加工，其余为铣削加工。

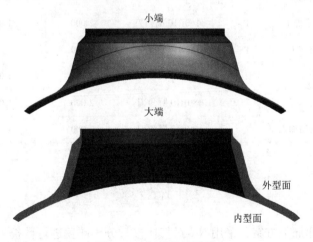

图4-1 气体接管零件

4.1.1 气体接管结构分析

气体接管零件毛坯为锻造，接口部直径为1 340 mm，高度大于1 000 mm。

4.1.2 工艺分析与加工方案

1. 气体接管工艺分析

气体接管的接口采用车削加工，内、外型面采用铣削加工。

2. 气体接管加工工艺方案

气体接管工艺流程为：锻造→正面车削→反面车削→正面铣削→反面铣削→钳工抛光刀痕→探伤检查。气体接管数控铣削加工方案如表 4 - 1 所示。

表 4 - 1　气体接管数控加工方案

工序号	工步内容	刀具号	刀具类型	切削用量		背吃刀量 /mm
				主轴转速 / (r·min^{-1})	进给速度 / (mm·min^{-1}或 mm·r^{-1})	
1	正面粗精车	1	外圆车刀	500	0.3	2 ~ 4
2	正面端面车削	2	端面车刀	500	0.3	1 ~ 3
3	反面粗精镗内孔	1	内孔车刀	500	0.3	1 ~ 3
4	正面工艺凸台铣削	1	φ160R10 圆角刀	2 000	1 000	1.5
5	正面表面粗加工	1	φ160R10 圆角刀	2 000	1 000	1.5
6	切除工艺凸台	1	φ160R10 圆角刀	2 000	1 000	1.5
7	正面轮廓铣精加工	1	φ160R10 圆角刀	2 000	1 000	—
8	反面工艺凸台粗加工	1	φ160R10 圆角刀	2 000	1 000	1.5
9	反面陡峭面粗加工	1	φ160R10 圆角刀	2 000	1 000	1.5
10	反面平缓面粗加工	1	φ160R10 圆角刀	2 000	1 000	1.5
11	反面表面精加工	1	φ160R10 圆角刀	2 000	1 000	—
12	反面坡口精加工	2	φ80R10 圆角刀	2 000	1 000	—
13	反面圆角精加工	2	φ80R10 圆角刀	2 000	1 000	—
14	反面工艺凸台精加工	2	φ80R10 圆角刀	2 000	1 000	—

4.2　NX 气体接管数控编程加工

根据工艺分析和加工方案，采用 NX 对气体接管分辨端盖进行数控加工编程，具体操作过程如下：

4.2.1　查看 CAD 模型

（1）启动 NX 后，单击【主页】选项卡的【打开】按钮，弹出【打开部件文件】对话框，选择"气体接管 CAD. prt"，单击【OK】按钮，文件打开后如图 4 - 2 所示。

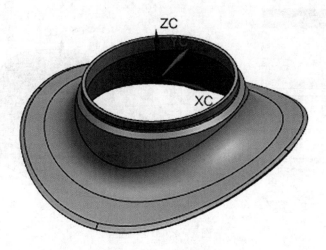

图 4-2 打开模型零件

（2）在功能区中单击【视图】选项卡【可见性】组中的【图层设置】按钮 ⚙，弹出【图层设置】对话框，如图 4-3 所示。

图 4-3 【图层设置】对话框

（3）锻造毛坯。在【图层设置】对话框中选中【1】图层，在图形区显示锻造毛坯，如图 4-4 所示。

（4）在【图层设置】对话框中取消图层【1】复选框，勾选图层【5】显示加工的零件，如图 4-5 所示。

（5）在【图层设置】对话框中取消图层【5】复选框，勾选图层【10】显示车削加工后的铣削毛坯，如图 4-6 所示。

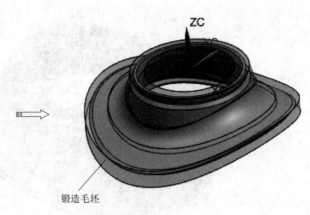

锻造毛坯

图 4-4 锻造毛坯

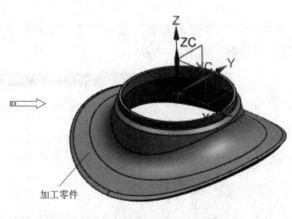

加工零件

图 4-5 加工零件

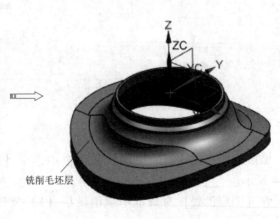

铣削毛坯层

图 4-6 铣削毛坯层

（6）在【图层设置】对话框中取消图层【10】复选框，勾选图层【20】显示铣削工艺凸台，如图4-7所示。

7　工艺凸台

（7）在【图层设置】对话框中勾选图层【21】、【22】、【23】显示加工工艺曲线，如图4-8所示。

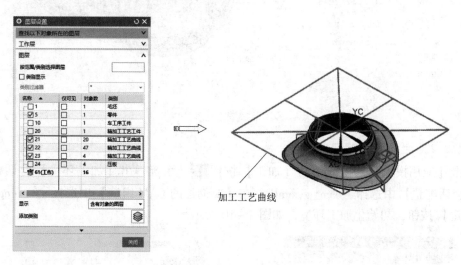

加工工艺曲线

图4-8　加工工艺曲线

4.2.2　创建接口正面车削加工

在功能区中单击【视图】选项卡【可见性】组中的【图层设置】按钮，弹出【图层设置】对话框，选中【1】和【10】图层，在图形区显示锻造毛坯和车削工件，如图4-9所示。

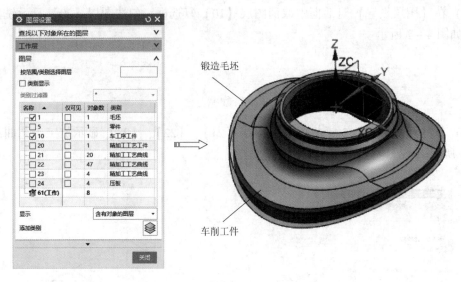

图 4 – 9　显示锻造毛坯和车削工件

4.2.2.1　启动车削加工

单击【应用模块】选项卡中的【加工】按钮 ，系统弹出【加工环境】对话框，在【CAM 会话配置】中选择"cam_general"，在【要创建的 CAM 组装】中选择"turning"，单击【确定】按钮，初始化加工环境，如图 4 – 10 所示。

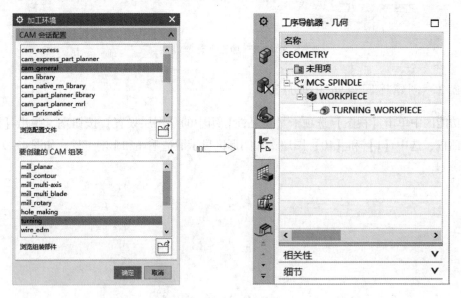

图 4 – 10　启动 NX CAM 加工环境

4.2.2.2　创建接口正面车削加工坐标系

单击上边框条【工序导航器组】上的【几何视图】按钮 ，将【工序导航器】切换到几何视图显示。

（1）双击【工序导航器】窗口中的【MCS_SPINDLE】图标 MCS_SPINDLE，弹出【MCS 主轴】对话框，如图 4 – 11 所示。

图 4 – 11 【MCS 主轴】对话框

（2）拖动动态坐标系旋转手柄，将 ZM 轴旋转到绝对坐标系的 Z 轴方向；然后再拖动动态坐标系旋转手柄，将 XM 轴旋转到绝对坐标系的 X 轴方向，如图 4 – 12 所示。

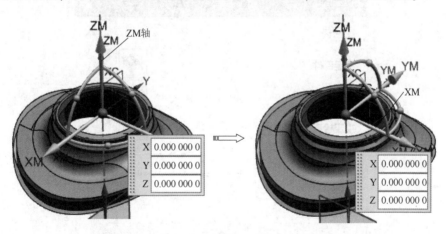

图 4 – 12 定位加工坐标系方向

（3）选择车床工作平面。【车床工作平面】选项的下拉列表中选择 "ZM – XM"，设置 XC 轴为机床主轴，如图 4 – 13 所示，单击【确定】按钮完成。

（4）在【工序导航器】窗口中选中【MCS_SPINDLE】节点，单击鼠标右键，在弹出的快捷菜单中选择【重命名】命令，更改为 "MCS_SPINDLE_正面"，如图 4 – 14 所示。

4.2.2.3 创建接口正面车削加工几何

在【工序导航器】中双击【WORKPIECE】图标 ，然后单击【确定】按钮，弹出【工件】对话框，如图 4 – 15 所示。

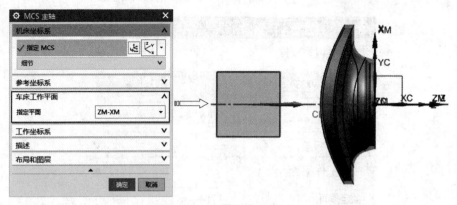

图 4 – 13　设置机床工作平面

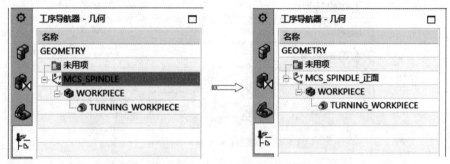

图 4 – 14　修改坐标系名称

图 4 – 15　【工件】对话框

1. 创建部件几何体

单击【几何体】组框中【指定部件】选项后的【选择或编辑部件几何体】按钮 ，弹出【部件几何体】对话框，选择图层 10 上的实体，如图 4 – 16 所示。单击【确定】按钮，返回【工件】对话框。

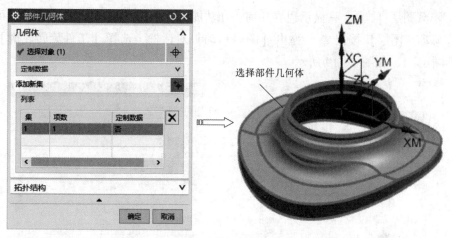

图 4 – 16　选择部件几何体

2. 创建毛坯几何

（1）单击【几何体】组框中【指定毛坯】选项后的【选择或编辑毛坯几何体】按钮 ，弹出【毛坯几何体】对话框，在【类型】下拉列表中选择【几何体】选项，选择图层 1 上的如图 4 – 17 所示的实体，单击【确定】按钮，完成毛坯几何体的创建。

图 4 – 17　选择毛坯几何体

（2）在【工序导航器】窗口单击【TURNING_WORKPIECE】节点，显示生成加工边界几何，如图 4 – 18 所示。

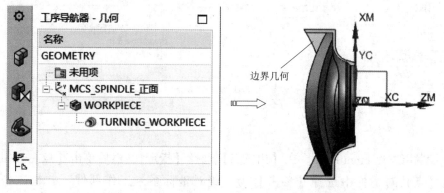

图 4 – 18　显示加工边界几何

（3）隐藏图层【10】，只显示边界几何，在功能区中单击【视图】选项卡中【可见性】组中的【移动至图层】按钮 ，弹出【图层移动】对话框，选择【工件旋转轮廓】，将边界保存到图层11，如图4－19所示。

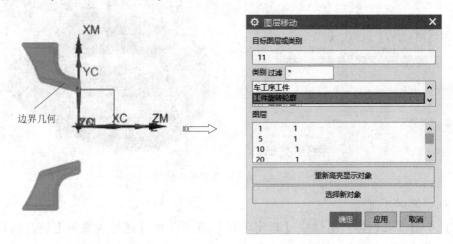

图4－19　边界移动至图层

4.2.2.4　创建接口正面外圆避让几何

（1）单击【主页】选项卡【插入】组中的【创建几何体】按钮 ，系统弹出【创建几何体】对话框，【类型】选择"turning"，【几何体子类型】为【AVOIDENCE】图标 ，【位置】为"TURNING_WORKPIECE"，【名称】为"AVOIDANCE_ZM"，如图4－20所示。单击【确定】按钮，弹出【避让】对话框，如图4－21所示。

图4－20　【创建几何体】对话框

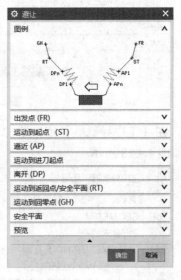

图4－21　【避让】对话框

（2）设置出发点From Point。在【出发点】选择【指定】，然后单击【点】按钮 ，并在弹出的【点】对话框中选择【参考】为"绝对坐标系－工作部件"并输入坐标（0，－1200，1900），如图4－22所示。

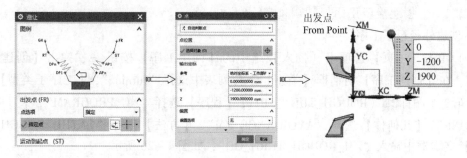

图 4-22 设置出发点

(3) 设置起点。选择【运动到起点】的【运动类型】为"直接"，【点选项】为
"点"，单击【点】按钮，并在弹出的【点】对话框中选择【参考】为"绝对坐标系 -
工作部件"并输入坐标（0，-500，1500），如图 4-23 所示。

图 4-23 设置起点和运动类型

(4) 设置运动到进刀起点，选择【运动到进刀起点】的【运动类型】为【径向→轴
向】，如图 4-24 所示。

(5) 设置返回点 Return Point，选择【运动到返回点】的【运动类型】为"径向→轴
向"，【点选项】为"与起点相同"；设置回零点 Gohome Point，选择【运动到回零点】的
【运动类型】为"直接"，【点选项】为"与起点相同"，如图 4-25 所示。

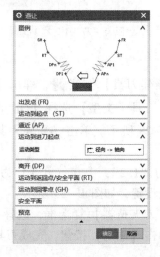

图 4-24 设置运动到进刀起点

图 4-25 设置返回点和回零点

4. 2. 2. 5 创建接口正面外圆粗精车

1. 创建外径粗车工序

(1) 单击【主页】选项卡【插入】组中的【创建工序】按钮 ![btn]，弹出【创建工序】对话框。在【创建工序】对话框【类型】下拉列表中选择 "turning"，【工序子类型】选择第2行第2个图标![icon]（ROUGH_TURN_OD），【程序】选择 "NC_PROGRAM"，【刀具】选择 "NONE"，【几何体】选择 "AVOIDANCE_ZM"，【方法】选择 "LATHE_ROUGH"，在【名称】文本框中输入 "ZM_ROUGH_TURN_OD"，如图4-26所示。

(2) 单击【确定】按钮，弹出【外径粗车】对话框，如图4-27所示。

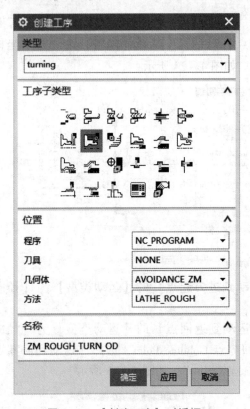

图4-26 【创建工序】对话框　　　　图4-27 【外径粗车】对话框

2. 创建车刀

(1) 在【工具】组中单击【刀具】后的【新建刀具】按钮 ![btn]，弹出【新建刀具】对话框。在【类型】下拉列表中选择 "turning"，【刀具子类型】选择【OD_80_L】图标![icon]，在【名称】文本框中输入 "OD_80_L"，如图4-28所示。单击【新建刀具】对话框中的【确定】按钮，弹出【车刀-标准】对话框。

(2) 在【工具】选项卡设定【刀尖半径】为 "1.2"，【方向角度】为 "5"，【长度】为 "15"，【刀具号】为 "1"，其他参数接受默认设置，如图4-29所示。

(3) 在【夹持器】选项卡中，选中【使用车刀夹持器】复选框，选择【样式】为 "L样式"，其他参数接受默认，如图4-30所示。单击【确定】按钮，完成刀具创建。

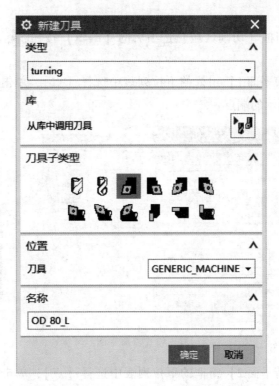

图 4 – 28 【新建刀具】对话框

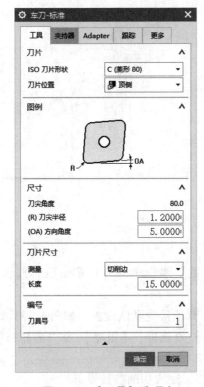

图 4 – 29 【工具】选项卡

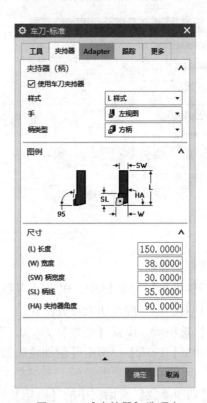

图 4 – 30 【夹持器】选项卡

3. 设置切削区域

单击【几何体】组框【切削区域】选项后的【编辑】按钮 🛠，弹出【切削区域】对话框。

（1）在【径向修剪平面 1】组框的下拉列表中选择【点】，单击【点】按钮 🔲，在图形区选择如图 4-31 所示的端点。

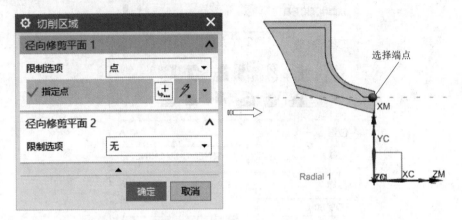

图 4-31 设置修剪平面 1 位置

（2）在【径向修剪平面 2】组框的下拉列表中选择【点】，单击【点】按钮 🔲，在图形区选择如图 4-32 所示的端点。

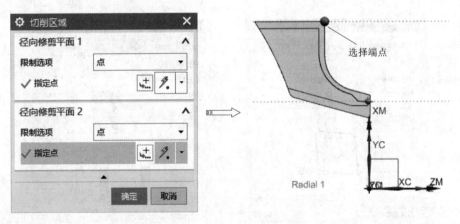

图 4-32 设置修剪平面 2 位置

4. 设置切削参数

在【外径粗车】对话框中，单击【刀轨设置】组框中的【切削参数】按钮 🔲，弹出【切削参数】对话框，进行切削参数设置。

【余量】选项卡：设置【恒定】为"0.5"，其他接受默认设置，如图 4-33 所示。

【轮廓加工】选项卡：选中【附加轮廓加工】复选框，【策略】为"全部精加工"，如图 4-34 所示。

单击【切削参数】对话框中的【确定】按钮，完成切削参数设置。

图 4-33 【余量】选项卡   图 4-34 【轮廓加工】选项卡

5. 设置切削策略

在【切削策略】组框中选择"单向线性切削"走刀方式，如图 4-35 所示。

6. 设置刀轨参数

在【外径粗车】对话框的【刀轨设置】组框中选择【与 XC 的夹角】为 180，【方向】为"前进"；选择【切削深度】为"变量平均值"，【最大值】为"4"，【最小值】为"2"；选择【变换模式】为"根据层"，【清理】为"全部"，如图 4-35 所示。

7. 设置进给参数

单击【刀轨设置】组框中的【进给率和速度】按钮 ，弹出【进给率和速度】对话框。设置【主轴速度】为 500 r/min，进给率【切削】为"0.3"，单位为"毫米/转（mm/r）"，其他接受默认设置，如图 4-36 所示。

图 4-35 【刀轨设置】选项   图 4-36 【进给率和速度】对话框

8. 生成刀具路径并验证

（1）在【工序】对话框中完成参数设置后，单击该对话框底部【操作】组框中的【生成】按钮🖱，可在操作对话框下生成刀具路径，如图4-37所示。

（2）单击【工序】对话框底部【操作】组框中的【确认】按钮🖱，弹出【刀轨可视化】对话框，然后选择【3D动态】选项卡，单击【播放】按钮▶，可进行3D动态刀具切削过程模拟，如图4-38所示。

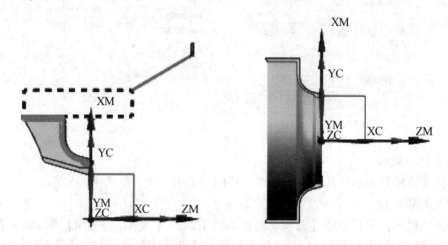

图4-37　生成的刀具路径　　　　图4-38　3D动态刀具切削过程模拟

（3）单击【确定】按钮，返回【外径粗车】对话框，然后单击【确定】按钮，完成粗车加工操作。

4.2.2.6　创建接口正面端面车削

1. 创建端面工序

（1）单击【插入】工具栏上的【创建工序】按钮🖱，弹出【创建工序】对话框。在【创建工序】对话框【类型】下拉列表中选择"turning"，【工序子类型】选择第2行第1个图标🖱（FACING），【程序】选择"NC_PROGRAM"，【刀具】选择"NONE"，【几何体】选择"AVOIDANCE_ZM"，【方法】选择"LATHE_FINISH"，在【名称】文本框中输入"ZM_FACING"，如图4-39所示。

（2）单击【确定】按钮，弹出【面加工】对话框，如图4-40所示。

2. 创建加工刀具

（1）在【工具】组中单击【刀具】后的【创建刀具】按钮🖱，弹出【新建刀具】对话框。在【类型】下拉列表中选择"turning"，【刀具子类型】选择【OD_80_L】图标🖱，在【名称】文本框中输入"OD_80_L_FACE"，如图4-41所示。单击【确定】按钮，弹出【车刀-标准】对话框。

（2）在【工具】选项卡中设定【刀尖半径】为"1.2"，【方向角度】为"-15"，【长度】为"15"，【刀具号】为"2"，其他参数接受默认设置，如图4-42所示。

（3）在【夹持器】选项卡中选择【样式】为"K样式"，其他参数设置如图4-43所示。单击【确定】按钮，完成刀具创建。

图 4 – 39 【创建工序】对话框

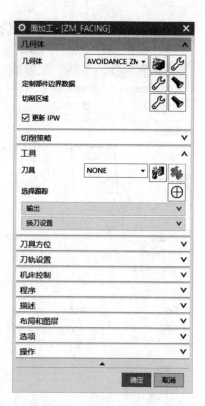

图 4 – 40 【面加工】对话框

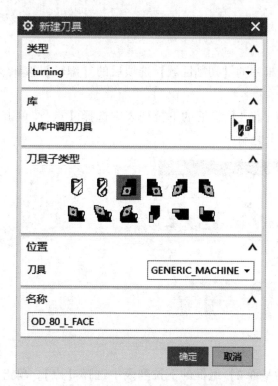

图 4 – 41 【新建刀具】对话框

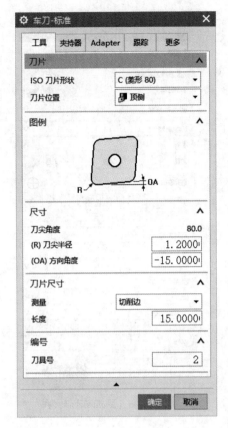

图 4 – 42 【工具】选项卡

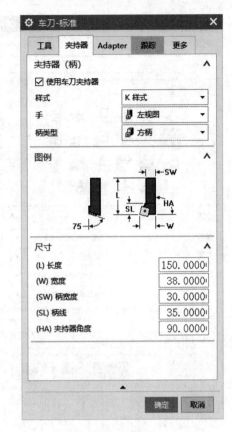

图 4 – 43 【夹持器】选项卡

3. 设置切削区域

单击【几何体】组框中的【切削区域】选项后的【编辑】按钮 🔧，弹出【切削区域】对话框。

（1）在【轴向修剪平面1】组框的下拉列表中选择【点】，单击【点】按钮 ⬩，在图形区选择如图 4 – 44 所示的端点。

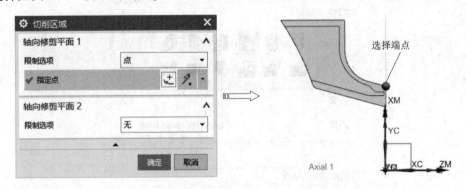

图 4 – 44　设置修剪平面 1 位置

（2）在【轴向修剪平面2】组框的下拉列表中选择【点】，单击【点】按钮 ⬩，在图形区选择如图 4 – 45 所示的端点。

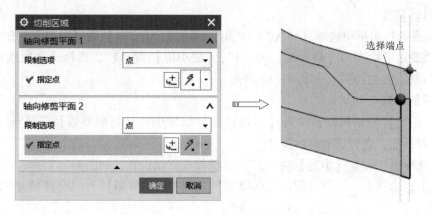

图 4 – 45　设置修剪平面 2 位置

4. 设置切削策略

设置切削策略。在【切削策略】组框中选择"单向线性切削"走刀方式，如图 4 – 46 所示。

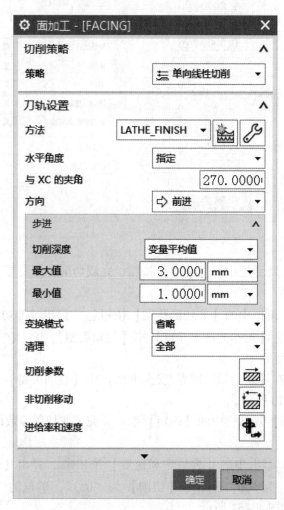

图 4 – 46　【刀轨设置】选项

5. 设置刀轨参数

在【刀轨设置】组框中选择【与 XC 的夹角】为 270，【方向】为【前进】；选择【切削深度】为"变量平均值"，【最大值】为"3"，【最小值】为"1"，选择【变换模式】为"省略"，【清理】为"全部"，如图 4-46 所示。

6. 设置切削参数

在【外径粗车】对话框中，单击【刀轨设置】组框中的【切削参数】按钮▰，弹出【切削参数】对话框，进行切削参数设置。

【余量】选项卡：设置【恒定】为"1"，其他接受默认设置，如图 4-47 所示。

【轮廓加工】选项卡：选中【附加轮廓加工】复选框，【策略】为"全部精加工"，如图 4-48 所示。

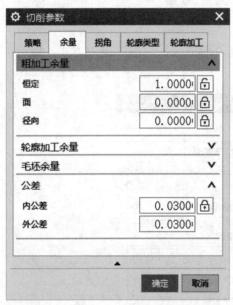
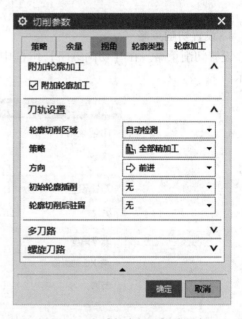

图 4-47 【余量】选项卡　　　　　　　图 4-48 【轮廓加工】选项卡

单击【切削参数】对话框中的【确定】按钮，完成切削参数设置。

7. 设置非切削参数

单击【刀轨设置】组框中的【非切削移动】按钮▦，弹出【非切削运动】对话框。

【逼近】选项卡：在【运动到进刀起点】中【运动类型】为"轴向-> 径向"，其他参数设置如图 4-49 所示。

【离开】选项卡：在【运动到返回点/安全平面】中【运动类型】为"径向-> 轴向"，其他参数设置如图 4-50 所示。

单击【非切削参数】对话框中的【确定】按钮，完成非切削参数设置。

8. 设置进给参数

单击【刀轨设置】组框中的【进给率和速度】按钮▦，弹出【进给率和速度】对话框。设置【主轴速度】为 500，进给率【切削】为"0.3"，单位为"毫米/转（mm/r）"，其他接受默认设置，如图 4-51 所示。

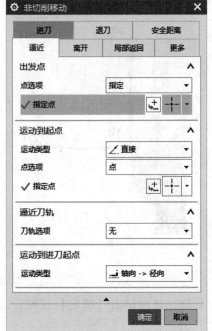

图 4 – 49 【逼近】选项卡

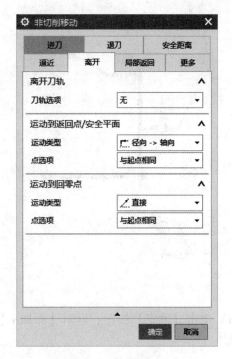

图 4 – 50 【离开】选项卡

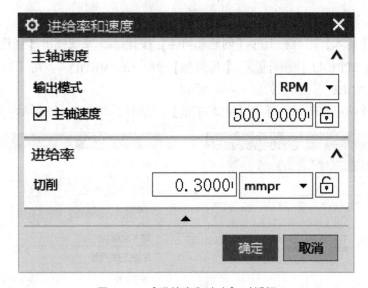

图 4 – 51 【进给率和速度】对话框

9. 生成刀具路径并验证

（1）在【工序】对话框中完成参数设置后，单击该对话框底部【操作】组框中的【生成】按钮 ，可在操作对话框下生成刀具路径，如图 4 – 52 所示。

（2）单击【工序】对话框底部【操作】组框中的【确认】按钮 ，弹出【刀轨可视化】对话框，然后选择【3D 动态】选项卡，单击【播放】按钮 ，可进行 3D 动态刀具切削过程模拟，如图 4 – 53 所示。

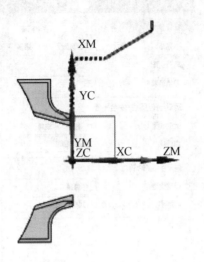

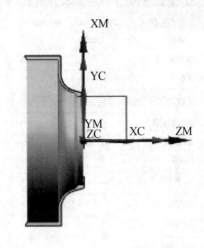

图 4 – 52　生成的刀具路径　　　　　图 4 – 53　3D 动态刀具切削过程模拟

（3）单击【确定】按钮，返回【面加工】对话框，然后单击【确定】按钮，完成端面加工操作。

4.2.3　创建接口反面车削加工

4.2.3.1　创建接口反面车削加工坐标系

（1）单击【插入】工具栏上的【创建几何体】按钮，系统弹出【创建几何体】对话框。单击【MCS_SPINDLE】图标，【几何体】为 "GEOMETRY"，在【名称】文本框中输入 "MCS_SPINDLE_反面"，如图 4 – 54 所示。

（2）单击【确定】按钮，弹出【MCS 主轴】对话框，如图 4 – 55 所示。

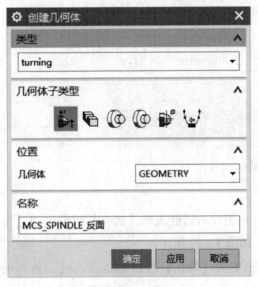

图 4 – 54　【创建几何体】对话框　　　　图 4 – 55　【MCS 主轴】对话框

（3）拖动动态坐标系旋转手柄，将 ZM 轴旋转到绝对坐标系的 – Z 轴方向；然后再拖动动态坐标系旋转手柄，将 XM 轴旋转到绝对坐标系的 – X 轴方向，如图 4 – 56 所示。

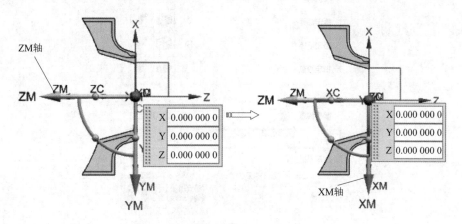

图 4 – 56　调整加工坐标系方位

（4）单击【CSYS】对话框【确定】按钮返回，依次单击【确定】按钮，完成加工坐标系方位调整，如图 4 – 57 所示。

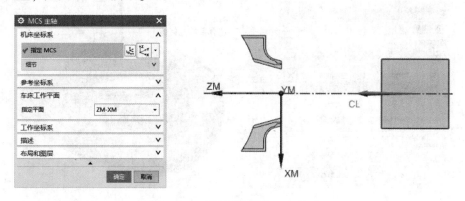

图 4 – 57　设置的车削加工坐标系

4.2.3.2　创建接口反面车削加工几何

1. 创建部件几何体

（1）在【工序导航器】中双击【WORKPIECE_1】图标，然后单击【确定】按钮，弹出【工件】对话框，如图 4 – 58 所示。

（2）部件几何体。单击【几何体】组框中【指定部件】选项后的【选择或编辑部件几何体】按钮，弹出【部件几何体】对话框，选择图层 10 上的实体，如图 4 – 59 所示。单击【确定】按钮，返回【工件】对话框。

2. 创建毛坯几何体

（1）单击【几何体】组框中【指定毛坯】选项后的【选择或编辑毛坯几何体】按钮，弹出【毛坯几何体】对话框，在【类型】下拉列表中选择【几何体】选项，选择图层 1 上的如图 4 – 60 所示的实体，单击【确定】按钮，完成毛坯几何体的创建。

图 4 – 58 【工件】对话框

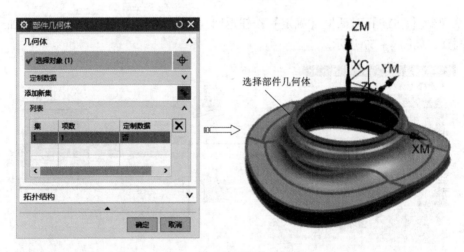

图 4 – 59 选择部件几何体

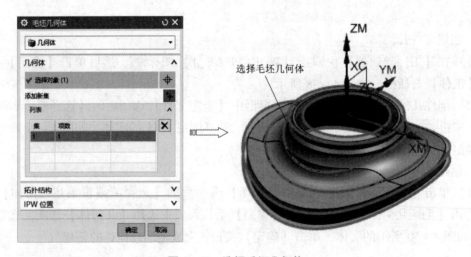

图 4 – 60 选择毛坯几何体

（2）在【工序导航器－几何】窗口单击【TURNING_WORKPIECE_1】选项，生成加工边界几何，如图4－61所示。

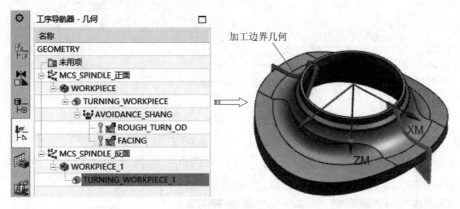

图4－61　显示加工边界几何

4.2.3.3　创建接口反面外圆避让几何

（1）单击【主页】选项卡【插入】组中的【创建几何体】按钮，系统弹出【创建几何体】对话框，【类型】选择"turning"，【几何体子类型】选择【AVOIDENCE】图标，【位置】为"TURNGING_WORKPIECE_1"，【名称】为"AVOIDANCE_FM"，如图4－62所示。

（2）单击【确定】按钮，弹出【避让】对话框，如图4－63所示。

图4－62　【创建几何体】对话框

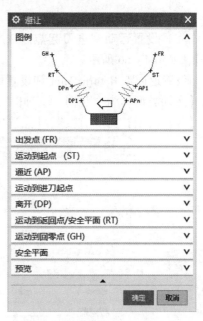

图4－63　【避让】对话框

（3）设置出发点From Point。在【出发点】选择【指定】，然后单击【点】按钮，并在弹出的【点】对话框中选择【参考】为"绝对坐标系－工作部件"并输入坐标（0，1700，1500），如图4－64所示。

图 4 - 64　设置出发点

（4）设置起点。选择【运动到起点】的【运动类型】为"直接"，【点选项】为"点"，单击【点】按钮，并在弹出的【点】对话框中选择【参考】为"绝对坐标系 - 工作部件"并输入坐标（0，1200，300），如图 4 - 65 所示。

图 4 - 65　设置起点和运动类型

（5）设置运动到进刀起点。选择【运动到进刀起点】的【运动类型】为【径向→轴向】，如图 4 - 66 所示。

设置返回点 Return Point 和设置回零点 Gohome Point。选择【运动到返回点/安全平面】的【运动类型】为"径向 - >轴向"，【点选项】为"与起点相同"；选择【运动到回零点】的【运动类型】为"直接"，【点选项】为"与起点相同"，如图 4 - 67 所示。

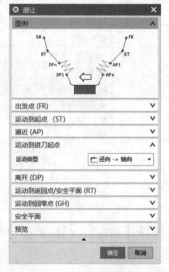

图 4 - 66　设置运动到进刀起点

图 4 - 67　设置返回点和回零点

4.2.3.4 创建接口反面粗精镗内孔

1. 创建工序

（1）单击【主页】选项卡【插入】组中的【创建工序】按钮 ，弹出【创建工序】对话框。在【创建工序】对话框中的【类型】下拉列表中选择"turning"，【工序子类型】选择第2行第4个图标 （ROUGH_BORE_ID），【程序】选择"NC_PROGRAM"，【刀具】选择"NONE"，【几何体】选择"AVOIDANCE_FM"，【方法】选择"LATHE_ROUGH"，在【名称】文本框中输入"FM_ROUGH_BORE_ID"，如图4-68所示。

（2）单击【确定】按钮，弹出【内径粗镗】对话框，如图4-69所示。

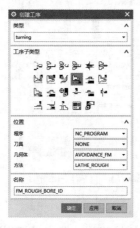

图4-68 【创建工序】对话框　　　　　图4-69 【内径粗镗】对话框

2. 创建车刀

（1）在【工具】组中单击【刀具】后的【创建刀具】按钮 ，弹出【新建刀具】对话框。在【类型】下拉列表中选择"turning"，【刀具子类型】选择【ID_80_L】图标 ，在【名称】文本框中输入"ID_80_L"，如图4-70所示。单击【新建刀具】对话框中的【确定】按钮，弹出【车刀-标准】对话框。

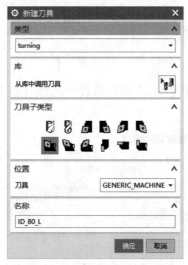

图4-70 【新建刀具】对话框

（2）在【工具】选项卡设定【刀尖半径】为"1.2"，【方向角度】为"5"，【长度】为"15"，【刀具号】为"1"，其他参数接受默认设置，如图4-71所示。

（3）在【夹持器】选项卡中，选中【使用车刀夹持器】复选框，选择【样式】为"L样式"，其他参数设置如图4-72所示，单击【确定】按钮，完成刀具创建。

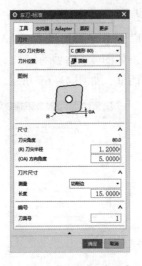
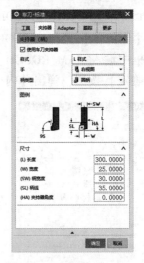

图4-71 【工具】选项卡　　　　　图4-72 【夹持器】选项卡

3. 设置切削区域

单击【几何体】组框【切削区域】选项后的【编辑】按钮，弹出【切削区域】对话框。

（1）在【径向修剪平面1】组框的下拉列表中选择【点】，单击【点】按钮，在图形区选择如图4-73所示的端点。

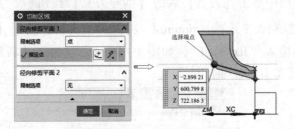

图4-73 设置修剪平面1位置

（2）在【径向修剪平面2】组框的下拉列表中选择【点】，单击【点】按钮，在图形区选择如图4-74所示的端点。

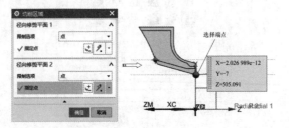

图4-74 设置修剪平面2位置

4. 设置切削参数

在【外径粗车】对话框中，单击【刀轨设置】组框中的【切削参数】按钮 ，弹出【切削参数】对话框，进行切削参数设置。

【余量】选项卡：设置【恒定】为"0.5"，其他接受默认设置，如图 4-75 所示。

【轮廓加工】选项卡：选中【附加轮廓加工】复选框，【策略】为"全部精加工"，如图 4-76 所示。

图 4-75 【余量】选项卡　　　图 4-76 【轮廓加工】选项卡

单击【切削参数】对话框中的【确定】按钮，完成切削参数设置。

5. 设置切削策略

在【切削策略】组框中选择"单向线性切削"走刀方式，如图 4-77 所示。

6. 设置刀轨参数

在【内径粗镗】对话框的【刀轨设置】组框中选择【与 XC 的夹角】为 180，【方向】为"前进"；选择【切削深度】为"变量平均值"，【最大值】为"3"，【最小值】为"1"；选择【变换模式】为"根据层"，【清理】为"全部"，如图 4-77 所示。

7. 设置进给参数

单击【刀轨设置】组框中的【进给率和速度】按钮 ，弹出【进给率和速度】对话框。设置【主轴速度】为 500 r/min，进给率【切削】为"0.3"，单位为"毫米/转（mm/r）"，其他接受默认设置，如图 4-78 所示。

图 4-77 【刀轨设置】选项　　　图 4-78 【进给率和速度】对话框

8. 生成刀具路径并验证

（1）在【工序】对话框中完成参数设置后，单击该对话框底部【操作】组框中的【生成】按钮，可在操作对话框下生成刀具路径，如图 4-79 所示。

（2）单击【工序】对话框底部【操作】组框中的【确认】按钮，弹出【刀轨可视化】对话框，然后选择【3D 动态】选项卡，单击【播放】按钮 ▶，可进行 3D 动态刀具切削过程模拟，如图 4-80 所示。

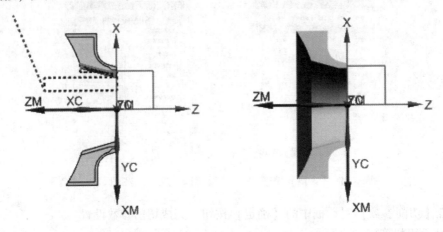

图 4-79　生成的刀具路径　　　图 4-80　3D 动态刀具切削过程模拟

（3）单击【确定】按钮，返回【内径粗镗】对话框，然后单击【确定】按钮，完成粗车加工操作。

4.2.4　创建外型面（正面）铣削加工

在功能区中单击【视图】选项卡【可见性】组中的【图层设置】按钮，弹出【图层设置】对话框，选中【10】、【20】和【22】图层，在图形区显示锻造毛坯和车削工件，如图 4-81 所示。

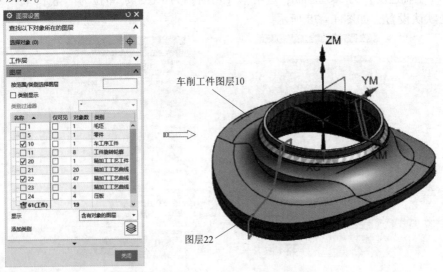

图 4-81　显示车削工件和锻造毛坯

4.2.4.1 创建接口正面铣削加工坐标系

（1）单击【主页】选项卡【插入】组中的【创建几何体】按钮 ，系统弹出【创建几何体】对话框，选择【类型】为"mill_contour"，【几何体子类型】为"MCS"图标 ，【名称】为"MCS_正面"，如图 4-82 所示。

（2）单击【确定】按钮，系统弹出【MCS】对话框，如图 4-83 所示。

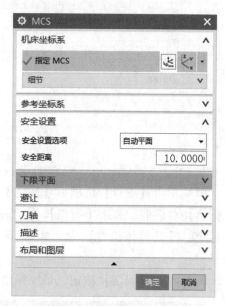

图 4-82 【创建几何体】对话框　　　　　　图 4-83 【MCS】对话框

（3）调整加工坐标系。单击【机床坐标系】组框中的【CSYS】按钮 ，弹出【坐标系】对话框，拖动动态坐标系旋转手柄，将 ZM 轴旋转到绝对坐标系的 Z 轴方向；然后再拖动动态坐标系旋转手柄，将 XM 轴旋转到绝对坐标系的 X 轴方向，如图 4-84 所示。

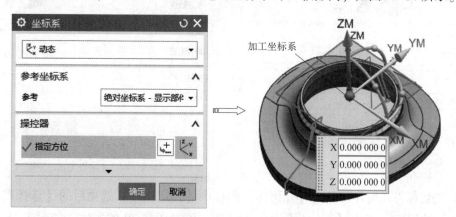

图 4-84 调整加工坐标系

（4）设置安全平面。在【安全设置】组框【安全设置选项】下拉列表中选择【平面】选项，选择工件上表面并设置高度 100 mm，单击【确定】按钮，完成安全平面设置，如图 4-85 所示。

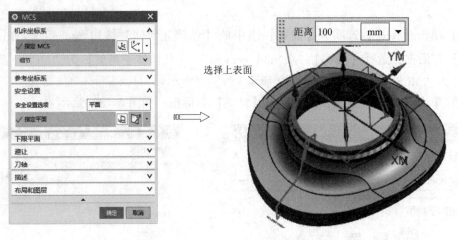

图 4 – 85　设置安全平面的位置

4.2.4.2　创建接口正面铣削加工几何

（1）单击【主页】选项卡【插入】组中的【创建几何体】按钮 ，系统弹出【创建几何体】对话框。选择【类型】为"mill_contour"，【几何体子类型】为"WORKPIECE"图标 ，【几何体位置】为"MCS_正面"，【名称】为"WORKPIECE_2"，如图 4 – 86 所示。

（2）单击【确定】按钮，系统弹出【工件】对话框，如图 4 – 87 所示。

图 4 – 86　【创建几何体】对话框

图 4 – 87　【工件】对话框

（3）创建部件几何体。单击【几何体】组框中【指定部件】选项后的【选择或编辑部件几何体】按钮 ，弹出【部件几何体】对话框，选择图层 20 的实体，如图 4 – 88 所示。单击【确定】按钮，返回【部件几何体】对话框。

（4）选择毛坯几何体。单击【几何体】组框中【指定毛坯】选项后的【选择或编辑毛坯几何体】按钮 ，弹出【毛坯几何体】对话框，在【类型】下选择"几何体"，选择图层 10 上的实体，单击【确定】按钮，完成毛坯几何体的创建，如图 4 – 89 所示。

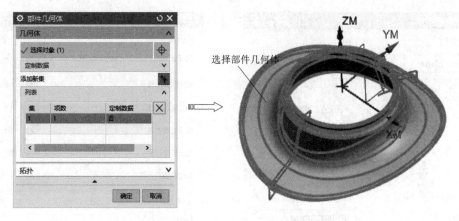

图 4 – 88　选择部件几何体

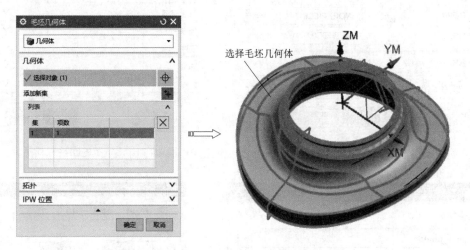

图 4 – 89　创建毛坯几何体

4.2.4.3　创建接口工艺凸台顶面铣削刀路

1. 创建等高轮廓铣加工

（1）单击【主页】选项卡【插入】组中的【创建工序】按钮 ，弹出【创建工序】对话框，【类型】为"mill_planar"，【工序子类型】为第 1 行第 6 个图标 （PLANAR_PROFILE），【程序】为"NC_PROGRAM"，【刀具】为"NONE"，【几何体】为"WORKPIECE_2"，【方法】为"MEHTOD"，【名称】为"ZM_GYTT"，如图 4 – 90 所示。

（2）单击【确定】按钮，弹出【平面轮廓铣】对话框，如图 4 – 91 所示。

2. 创建加工刀具

（1）在【工具】组中单击【刀具】后的【新建刀具】按钮 ，弹出【新建刀具】对话框。【类型】为"mill_planar"，【刀具子类型】选择"MILL"图标 ，【名称】为"T1D160R10"，如图 4 – 92 所示。单击【确定】按钮，弹出【铣刀 – 5 参数】对话框。

（2）在【铣刀 – 5 参数】对话框中设定【直径】为"160"，【下半径】为 10，【刀具号】为"1"，如图 4 – 93 所示。单击【确定】按钮，完成刀具创建。

图 4-90 【创建工序】对话框

图 4-91 【平面轮廓铣】对话框

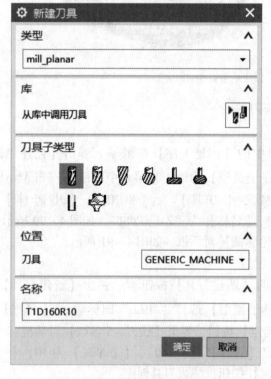

图 4-92 【新建刀具】对话框

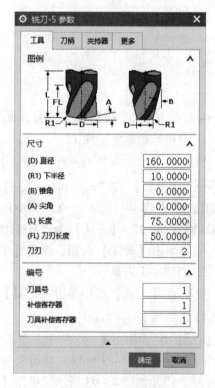

图 4-93 【铣刀-5 参数】对话框

3. 创建平面铣几何

（1）在【几何体】组框中，单击【指定部件边界】后的【选择或编辑几何体】按钮 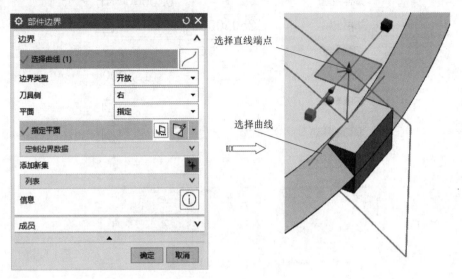，弹出【部件边界】对话框，【平面】为"指定"，选择如图 4 – 94 所示的直线端点，【模式】为"曲线/边"，【边界类型】为"开放"，【刀具侧】为"右"，选择如图 4 – 94 所示的曲线，单击【确定】按钮返回。

图 4 – 94　选择边线

（2）在【几何体】组框中，单击【指定底面】后的【选择或编辑底面几何体】按钮 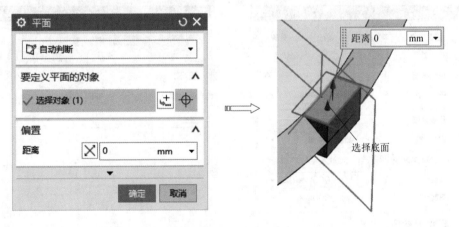，弹出【平面】对话框，选择如图 4 – 95 所示的底面，单击【确定】按钮返回。

图 4 – 95　选择底面

4. 选择切削模式和设置切削用量

在【刀轨设置】组框【切削深度】下拉列表中选择"恒定"，在【公共】文本框中输入"1.5"，如图 4 – 96 所示。

5. 设置非切削参数

单击【刀轨设置】组框中的【非切削移动】按钮 ⿴，弹出【非切削移动】对话框。

图 4 – 96　设置切削用量

【进刀】选项卡：【进刀类型】为"线性 – 沿矢量"，【长度】为"50%"，其他参数设置如图 4 – 97 所示。

【退刀】选项卡：【退刀类型】为"与进刀相同"，其他参数设置如图 4 – 98 所示。

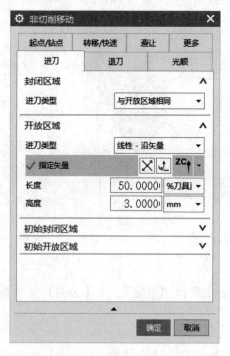

图 4 – 97　【进刀】选项卡

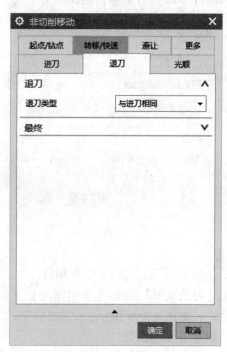

图 4 – 98　【退刀】选项卡

【转移/快速】选项卡：【转移类型】为"前一平面"，其他参数设置如图 4-99 所示。

图 4-99 【转移/快速】选项卡

单击【非切削移动】对话框中的【确定】按钮，完成非切削参数设置。

6. 设置切削速度

单击【刀轨设置】组框中的【进给率和速度】按钮![图标]，弹出【进给率和速度】对话框。设置【主轴速度】为 2 000 r/min，进给率【切削】为"1 000"，单位为"毫米/分钟（mm/min）"，其他接受默认设置，如图 4-100 所示。

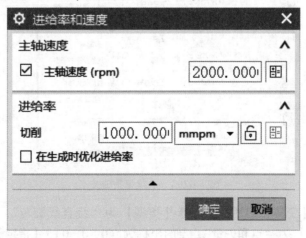

图 4-100 【进给率和速度】对话框

7. 生成刀具路径并验证

（1）单击该对话框底部【操作】组框中的【生成】按钮 ，可在操作对话框下生成刀具路径，如图 4 – 101 所示。

（2）单击【操作】组框中的【确认】按钮 ，弹出【刀轨可视化】对话框，然后选择【2D 动态】选项卡，单击【播放】按钮 ，可进行 2D 动态刀具切削过程模拟，如图 4 – 101 所示。

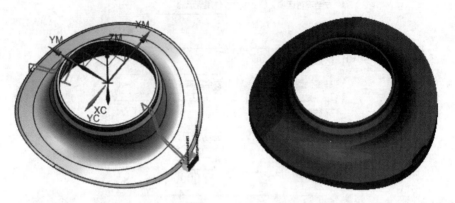

图 4 – 101　刀具路径和 2D 动态刀具切削过程模拟

（3）单击【确定】按钮，返回【平面轮廓铣】对话框，然后单击【确定】按钮，完成加工操作。

8. 旋转复制刀轨

（1）在【操作导航器】窗口中选中 ZM_GYTT 加工操作，单击鼠标右键，在弹出的快捷菜单中选择【对象】→【变换...】命令，如图 4 – 102 所示。

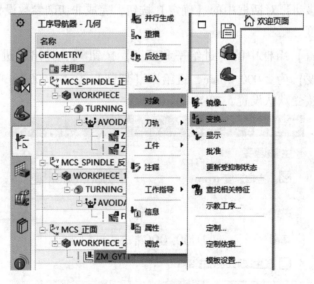

图 4 – 102　菜单快捷命令

（2）在弹出的【变换】对话框中选择【类型】为"绕直线旋转"，在【变换参数】选项中选择【直线方法】为"点和矢量"，点的坐标为 (0, 0, 0)，【指定矢量】为"XC"，在

【结果】选项中选择"实例",【距离/角度分割】为"1",【实例数】为"1",如图4-103所示。

图4-103 【变换】对话框

(3)单击【变换】对话框中的【确定】按钮,完成刀轨变换操作,如图4-104所示。

(4)在【操作导航器】中选中所有的操作,单击【操作】工具栏上的【确认刀轨】按钮 🔧,可验证所设置的刀轨,如图4-105所示。

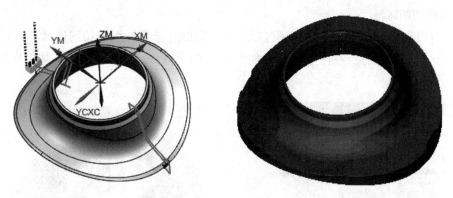

图4-104 旋转复制的切削刀具路径　　　图4-105 刀具路径切削验证

4.2.4.4　创建接口上表面等高轮廓铣粗加工 I

单击上边框条【工序导航器组】上的【几何视图】按钮 🔩,将【工序导航器】切换到几何视图显示。

1. 创建工序

(1) 单击【主页】选项卡【插入】组中的【创建工序】按钮 ![icon]，弹出【创建工序】对话框。【类型】为"mill_contour"，【操作子类型】为第 1 行第 6 个图标 ![icon]（ZLEVEL_PROFILE），【程序】为"NC_PROGRAM"，【刀具】为"T1D160R10"，【几何体】为"WORKPIECE_2"，【方法】选择"METHOD"，【名称】为"ZM_CU1"，如图 4-106 所示。

(2) 单击【确定】按钮，弹出【深度轮廓铣】对话框，如图 4-107 所示。

图 4-106 【创建工序】对话框

图 4-107 【深度轮廓铣】对话框

2. 选择切削区域

单击【几何体】组框【指定切削区域】选项后的【选择或编辑切削区域】按钮 ![icon]，弹出【切削区域】对话框。在图形区选择如图 4-108 所示的 13 个曲面作为切削区域，单击【确定】按钮完成。

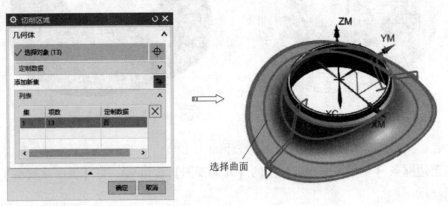

图 4-108 选择切削区域

3. 设置切削层

（1）单击【刀轨设置】组框中的【切削层】按钮，弹出【切削层】对话框，【范围类型】为"单个"，【最大距离】为"1.5"，如图4-109所示。

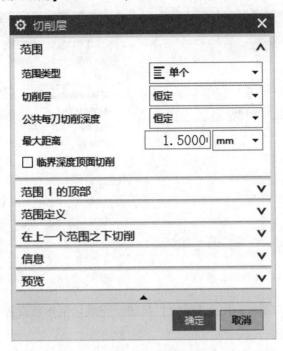

图4-109 【切削层】对话框

（2）在【范围深度】选项中单击【选择对象】按钮，然后选择如图4-110所示的边线端点作为范围底面轮廓线。

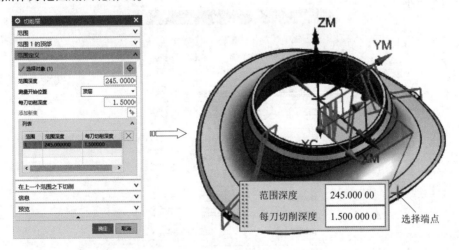

图4-110 设置范围深度

4. 设置切削参数

单击【刀轨设置】组框中的【切削参数】按钮，弹出【切削参数】对话框，进行切削参数设置。

【策略】选项卡：【切削方向】为"顺铣"，其他参数设置如图4-111所示。

【余量】选项卡：取消【使底面余量与侧面余量一致】复选框，【部件侧面余量】为0.5 mm，【内公差】【外公差】为"0.03"，如图4-112所示。

图4-111 【策略】选项卡

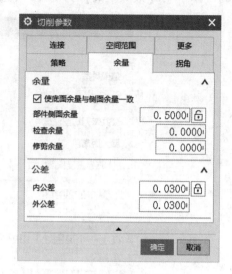

图4-112 【余量】选项卡

单击【切削参数】对话框中的【确定】按钮，完成切削参数设置。

5. 设置非切削移动

单击【刀轨设置】组框中的【非切削移动】按钮，弹出【非切削移动】对话框，进行非切削参数设置。

【转移/快速】选项卡：【区域内】选项中【转移类型】为"前一平面"，其他参数设置如图4-113所示。

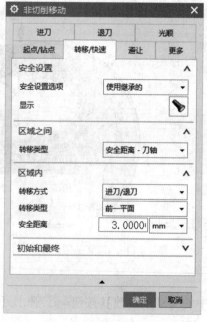

图4-113 【转移/快速】选项卡

【起点/钻点】选项卡：单击【指定点】选项，在图形区选择如图4-114所示的端点作为起点。

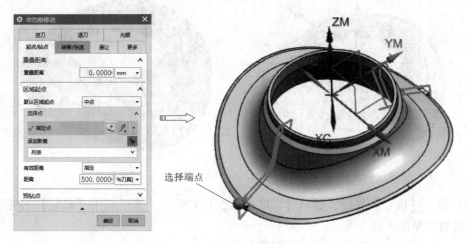

图4-114 选择起点

单击【非切削移动】对话框中的【确定】按钮，完成非切削参数设置。

6. 设置进给率和速度参数

单击【刀轨设置】组框中的【进给率和速度】按钮，弹出【进给率和速度】对话框。设置【主轴速度】为2 000 r/min，进给率【切削】为"1 000"，单位为"毫米/分钟（mm/min）"，其他参数设置如图4-115所示。

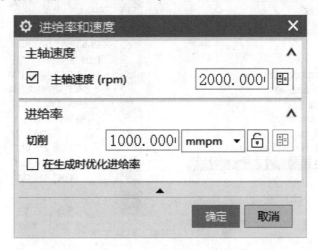

图4-115 【进给率和速度】对话框

7. 生成刀具路径并验证

（1）在【工序】对话框中完成参数设置后，单击该对话框底部【操作】组框中的【生成】按钮，可在操作对话框下生成刀具路径，如图4-116所示。

（2）单击【工序】对话框底部【操作】组框中的【确认】按钮，弹出【刀轨可视化】对话框，然后选择【2D动态】选项卡，单击【播放】按钮，可进行2D动态刀具切削过程模拟，如图4-116所示。

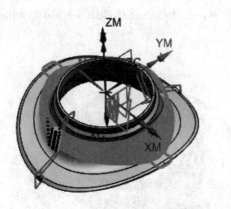

图 4 – 116　生成刀具路径与 2D 动态刀具切削过程模拟

（3）单击【确定】按钮，返回【深度轮廓铣】对话框，然后单击【确定】按钮，完成轮廓铣粗加工操作。

4.2.4.5　创建接口下表面等高轮廓铣粗加工 II

1. 复制工序

（1）在【工序导航器 – 几何】窗口选择 "ZM_CU1" 操作，单击鼠标右键，在弹出的快捷菜单中选择【复制】命令，如图 4 – 117 所示。

（2）选中 "ZM_CU1" 操作，单击鼠标右键，在弹出的快捷菜单中选择【粘贴】命令，粘贴工序并重命名为 ZM_CU2，如图 4 – 117 所示。

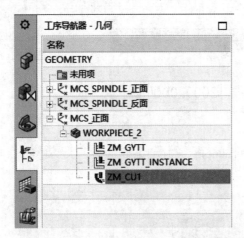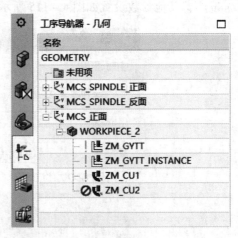

图 4 – 117　复制、粘贴工序

2. 指定修剪边界

单击【几何体】组框【指定修剪边界】后的【选择或编辑修剪边界】按钮，弹出【修剪边界】对话框，在【选择方法】中选择 "曲线"，【修剪侧】为 "外侧"，在图形区选择在图层 21 上的如图 4 – 118 所示的曲线作为修剪边界，单击【确定】按钮完成。

3. 设置切削层

（1）单击【刀轨设置】组框中的【切削层】按钮，弹出【切削层】对话框，【范围类型】为 "单个"，【最大距离】为 "1.5"，如图 4 – 119 所示。

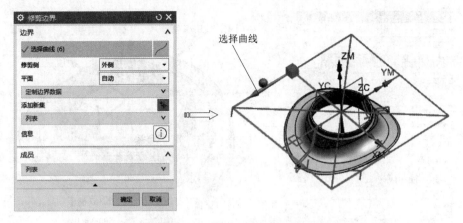

图 4 – 118　选择修剪边界

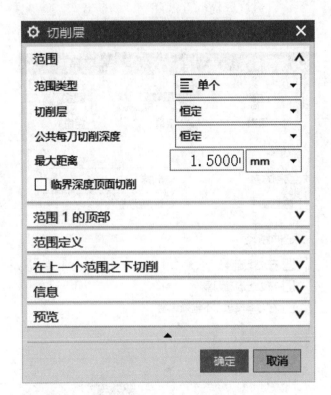

图 4 – 119　【切削层】对话框

（2）在【范围 1 的顶部】选项中单击【选择对象】按钮 ⊕，然后选择如图 4 – 120 所示的边线端点作为范围顶。

4. 设置切削参数

单击【刀轨设置】组框中的【切削参数】按钮，弹出【切削参数】对话框，进行切削参数设置。

【策略】选项卡：【切削方向】为"顺铣"，其他参数设置如图 4 – 121 所示。

单击【切削参数】对话框中的【确定】按钮，完成切削参数设置。

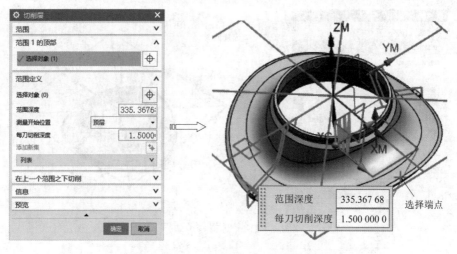

图 4-120　设置范围顶部

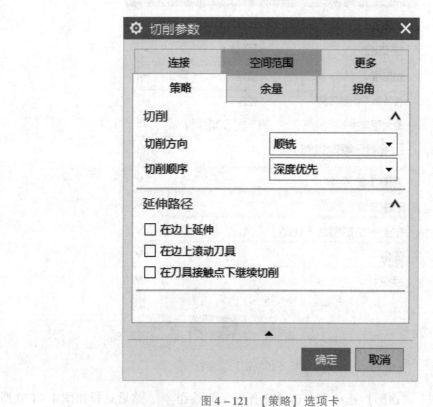

图 4-121　【策略】选项卡

5. 生成刀具路径并验证

（1）在【工序】对话框中完成参数设置后，单击该对话框底部【操作】组框中的【生成】按钮 🗲，可在操作对话框下生成刀具路径，如图 4-122 所示。

（2）单击【工序】对话框底部【操作】组框中的【确认】按钮 🗐，弹出【刀轨可视化】对话框，然后选择【2D 动态】选项卡，单击【播放】按钮 ▶，可进行 2D 动态刀具切削过程模拟，如图 4-122 所示。

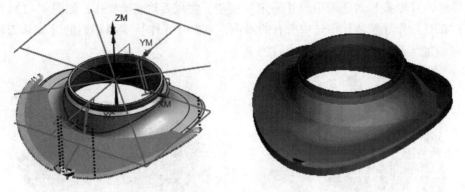

图 4 – 122　生成刀具路径与 2D 动态刀具切削过程模拟

（3）单击【确定】按钮，返回【深度轮廓铣】对话框，然后单击【确定】按钮，完成轮廓铣粗加工操作。

6. 旋转复制刀轨

（1）在【操作导航器】窗口中选中 ZM_CU2 加工操作，单击鼠标右键，在弹出的快捷菜单中选择【对象】→【变换】命令，在弹出的【变换】对话框【类型】选择"绕直线旋转"，在【变换参数】选项中选择【直线方法】为"点和矢量"，点的坐标为（0，0，0），【指定矢量】为"XC"，在【结果】选项中选择"实例"，【距离/角度分割】为"1"，【实例数】为"1"，如图 4 – 123 所示。

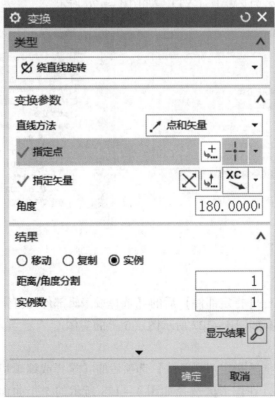

图 4 – 123　【变换】对话框

（2）单击【变换】对话框中的【确定】按钮，完成刀轨变换操作，如图 4-124 所示。

（3）在【操作导航器】中选中所有的操作，单击【操作】工具栏上的【确认刀轨】按钮 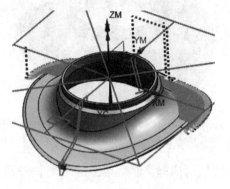，可验证所设置的刀轨，如图 4-125 所示。

图 4-124　旋转复制的切削刀具路径　　　　图 4-125　刀具路径切削验证

4.2.4.6　创建接口切除工艺凸台铣削刀路

1. 复制工序

（1）在【工序导航器】窗口选择"ZM_CU1"操作，单击鼠标右键，在弹出的快捷菜单中选择【复制】命令，如图 4-126 所示。

（2）选中"MCS_正面"操作，单击鼠标右键，在弹出的快捷菜单中选择【内部粘贴】命令，粘贴工序并重命名为 ZM_J1_GYTT，如图 4-126 所示。

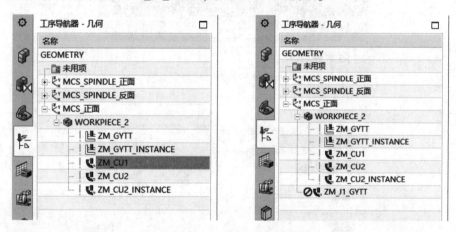

图 4-126　复制、粘贴工序

2. 选择部件几何体

单击【几何体】组框【指定部件】后的【选择或编辑部件几何体】按钮，弹出【部件几何体】对话框，选择如图 4-127 所示图层 5 上的实体。

3. 选择切削区域

单击【几何体】组框【指定切削区域】选项后的【选择或编辑切削区域】按钮，弹出【切削区域】对话框。在图形区选择如图 4-128 所示的 5 个曲面作为切削区域，单击【确定】按钮完成。

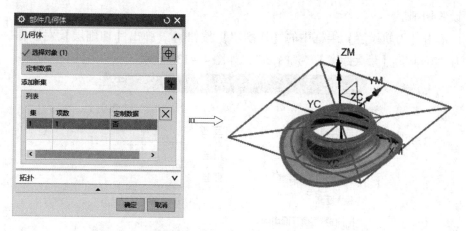

图 4 – 127　选择部件几何体

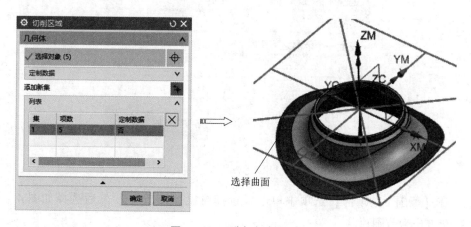

图 4 – 128　选择切削区域

4. 指定修剪边界

单击【几何体】组框【指定修剪边界】后的【选择或编辑修剪边界】按钮<img>，弹出【修剪边界】对话框，在【选择方法】中选择"曲线"，【修剪侧】为"外侧"，在图形区选择在图层 21 上的如图 4 – 129 所示曲线作为修剪边界，单击【确定】按钮完成。

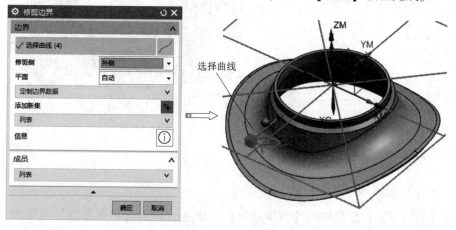

图 4 – 129　选择修剪边界

5. 设置切削层

（1）单击【刀轨设置】组框中的【切削层】按钮 ⬚，弹出【切削层】对话框，【范围类型】为"单个"，【最大距离】为"1.5"，如图4-130所示。

图4-130 【切削层】对话框

（2）在【范围1的顶部】选项中单击【选择对象】按钮 ⊕，然后选择如图4-131所示的边线端点作为范围顶。

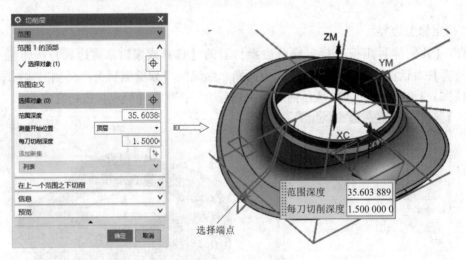

图4-131 设置范围顶

6. 设置切削参数

单击【刀轨设置】组框中的【切削参数】按钮 ⬚，弹出【切削参数】对话框，进行切削参数设置。

【余量】选项卡：【部件侧面余量】为"0"，其他参数设置如图4 – 132所示。

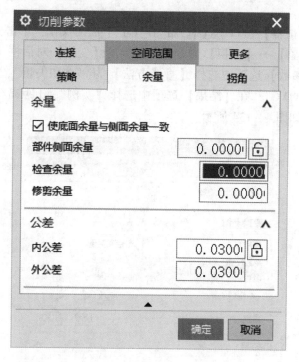

图4 – 132 【余量】选项卡

单击【切削参数】对话框中的【确定】按钮，完成切削参数设置。

7. 生成刀具路径并验证

（1）单击该对话框底部【操作】组框中的【生成】按钮，可在操作对话框下生成刀具路径，如图4 – 133所示。

（2）单击【操作】组框中的【确认】按钮，弹出【刀轨可视化】对话框，然后选择【2D动态】选项卡，单击【播放】按钮，可进行2D动态刀具切削过程模拟，如图4 – 133所示。

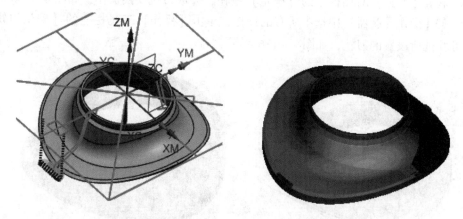

图4 – 133 刀具路径和2D动态刀具切削过程模拟

（3）单击【确定】按钮，返回【深度轮廓铣】对话框，然后单击【确定】按钮，完成加工操作。

8. 旋转复制刀轨

（1）在【操作导航器】窗口中选中 ZM_J1_GYTT 加工操作，单击鼠标右键，在弹出的快捷菜单中选择【对象】→【变换】命令，在弹出的【变换】对话框【类型】选择"绕直线旋转"，在【变换参数】选项中选择【直线方法】为"点和矢量"，点的坐标为（0，0，0），【指定矢量】为"XC"，在【结果】选项中选择"实例"，【距离/角度分割】为"1"，【实例数】为"1"，如图 4 - 134 所示。

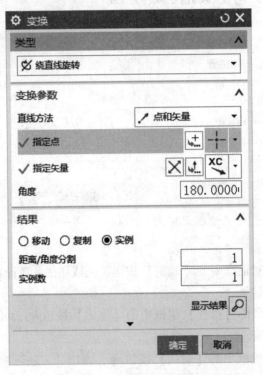

图 4 - 134 【变换】对话框

（2）单击【变换】对话框中的【确定】按钮，完成刀轨变换操作，如图 4 - 135 所示。

（3）在【操作导航器】中选中所有的操作，单击【操作】工具栏上的【确认刀轨】按钮 ，可验证所设置的刀轨，如图 4 - 136 所示。

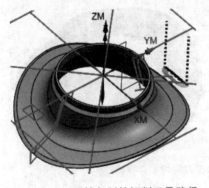

图 4 - 135　旋转复制的切削刀具路径

图 4 - 136　刀具路径切削验证

4.2.4.7 创建接口表面固定轴曲面轮廓铣精加工

单击上边框条【工序导航器组】上的【几何视图】按钮 ，将【工序导航器】切换到几何视图显示。

1. 创建工序

（1）单击【主页】选项卡【插入】组中的【创建工序】按钮 ，弹出【创建工序】对话框。【类型】为 "mill_contour"，【工序子类型】选择第 2 行第 2 个图标 （FIXED_CONTOUR），【程序】为 "NC_PROGRAM"，【刀具】为 "T1D160R10"，【几何体】为 "WORKPIECE_2"，【方法】为 "METHOD"，【名称】为 "ZM_J1"，如图 4-137 所示。

（2）单击【确定】按钮，弹出【固定轮廓铣】对话框，如图 4-138 所示。

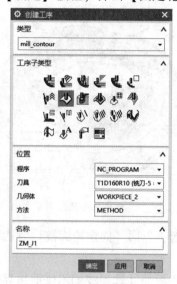

图 4-137 【创建工序】对话框　　图 4-138 【固定轮廓铣】对话框

2. 选择切削区域

单击【几何体】组框中【指定切削区域】选项后的【选择或编辑切削区域】按钮 ，弹出【切削区域】对话框。在图形区选择如图 4-139 所示的在 20 层上的 7 个曲面作为切削区域，单击【确定】按钮完成。

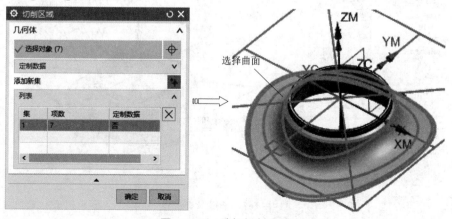

图 4-139　选择切削区域

3. 选择驱动方法并设置驱动参数

（1）在【驱动方式】组框中的【方法】下拉列表中选取"区域铣削"，在【区域铣削驱动方法】对话框中，选择【非陡峭切削模式】为"径向往复"，【步距】为"恒定"，【最大距离】为 10 mm，如图 4 – 140 所示。

（2）【刀路中心】为"指定"，【指定点】选择【圆心】图标⊙·，在图形区选择如图 4 – 141 所示的圆弧中心。

图 4 – 140　选择区域铣削驱动方法

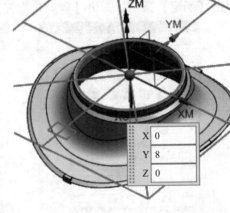

图 4 – 141　选择刀路中心

（3）单击【确定】按钮，完成驱动方法设置，返回【固定轮廓铣】对话框。

4. 指定修剪边界

单击【几何体】组框中的【指定修剪边界】后的【选择或编辑修剪边界】按钮，弹出【修剪边界】对话框，在【选择方法】中选择"曲线"，【修剪侧】为"外侧"，在图形区选择在图层 21 上如图 4 – 142 所示的曲线作为修剪边界，【余量】为 – 10，单击【确定】按钮完成。

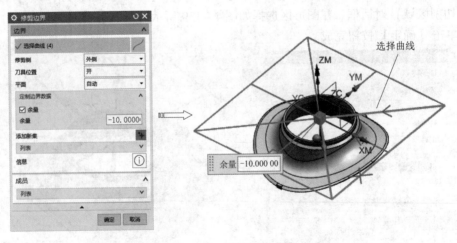

图 4 – 142　选择修剪边界

5. 设置进给参数

单击【刀轨设置】组框中的【进给率和速度】按钮🔩，弹出【进给率和速度】对话框。设置【主轴速度】为 2 000 r/min，进给率【切削】为 "1 000"，单位为 "毫米/分钟（mm/min）"，其他接受默认设置，如图 4 – 143 所示。

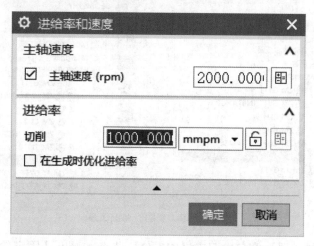

图 4 – 143 【进给率和速度】对话框

6. 生成刀具路径并验证

（1）在【工序】对话框中完成参数设置后，单击该对话框底部【操作】组框中的【生成】按钮📄，可生成该操作的刀具路径，如图 4 – 144 所示。

（2）单击【工序】对话框底部【操作】组框中的【确认】按钮🔲，弹出【刀轨可视化】对话框，然后选择【2D 动态】选项卡，单击【播放】按钮▶，可进行 2D 动态刀具切削过程模拟，如图 4 – 144 所示。

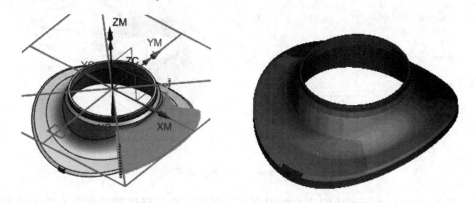

图 4 – 144 生成刀具路径与 2D 动态刀具切削过程模拟

（3）单击【固定轮廓铣】对话框中的【确定】按钮，接受刀具路径，并关闭【固定轮廓铣】对话框。

7. 复制工序创建精加工

（1）在【工序导航器】窗口选择 "ZM_J1" 操作，单击鼠标右键，在弹出的快捷菜单中选择【复制】命令，如图 4 – 145 所示。

（2）选中"ZM_J1"操作，单击鼠标右键，在弹出的快捷菜单中选择【粘贴】命令，粘贴工序并重命名为 ZM_J2，如图 4-145 所示。

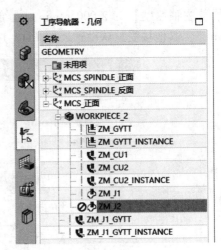

图 4-145　复制、粘贴工序

（3）在【工序导航器】窗口中双击【ZM_J2】节点，弹出【固定轮廓铣】对话框，单击【几何体】组框【指定修剪边界】后的【选择或编辑修剪边界】按钮，弹出【修剪边界】对话框，在【选择方法】中选择"曲线"，【修剪侧】为"外侧"，在图形区选择在图层 21 上如图 4-146 所示的曲线作为修剪边界，【余量】为 -10，单击【确定】按钮完成。

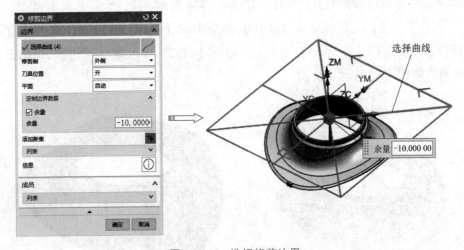

图 4-146　选择修剪边界

（4）在【工序】对话框中完成参数设置后，单击该对话框底部【操作】组框中的【生成】按钮，可生成该操作的刀具路径，如图 4-149 所示。

（5）单击【工序】对话框底部【操作】组框中的【确认】按钮，弹出【刀轨可视化】对话框，然后选择【2D 动态】选项卡，单击【播放】按钮，可进行 2D 动态刀具切削过程模拟，如图 4-147 所示。

（6）单击【固定轮廓铣】对话框中的【确定】按钮，接受刀具路径，并关闭【固定轮

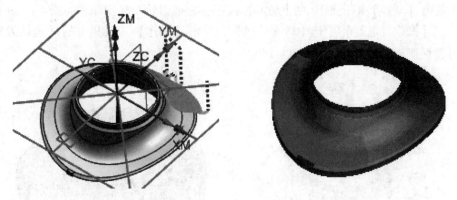

图 4 – 147　生成刀具路径与 2D 动态刀具切削过程模拟

廓铣】对话框。

8. 旋转复制刀轨

（1）在【操作导航器】窗口中选中 ZM_J1、ZM_J2 加工操作，单击鼠标右键，在弹出的快捷菜单中选择【对象】→【变换】命令，在弹出的【变换】对话框【类型】选择"绕直线旋转"，在【变换参数】选项中选择【直线方法】为"点和矢量"，点的坐标为（0，0，0），【指定矢量】为"XC"，在【结果】选项中选择"实例"，【距离/角度分割】为"1"，【实例数】为"1"，如图 4 – 148 所示。

图 4 – 148　【变换】对话框

（2）单击【变换】对话框中的【确定】按钮，完成刀轨变换操作，如图 4 - 149 所示。

（3）在【操作导航器】中选中所有的操作，单击【操作】工具栏上的【确认刀轨】按钮 🔳，可验证所设置的刀轨，如图 4 - 150 所示。

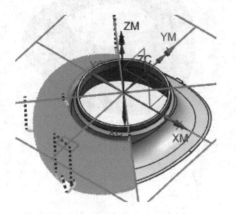

图 4 - 149　旋转复制的切削刀具路径　　　　图 4 - 150　刀具路径切削验证

4.2.5　创建内型面（反面）铣削加工

在功能区中单击【视图】选项卡【可见性】组中的【图层设置】按钮 🔖，弹出【图层设置】对话框，选中【10】和【20】图层，在图形区显示锻造毛坯和车削工件，如图 4 - 151 所示。

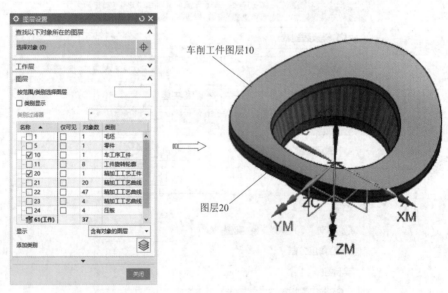

图 4 - 151　显示车削工件和锻造毛坯

4.2.5.1　创建接口反面铣削加工坐标系

（1）单击【主页】选项卡【插入】组中的【创建几何体】按钮 🔩，系统弹出【创建几何体】对话框，选择【类型】为"mill_contour"，【几何体子类型】为"MCS"图标 🔧，【名称】为"MCS_反面"，如图 4 - 152 所示。

（2）单击【确定】按钮，系统弹出【MCS】对话框，如图4-153所示。

图4-152 【创建几何体】对话框

图4-153 【MCS】对话框

（3）调整加工坐标系。单击【机床坐标系】组框中的【CSYS】按钮，弹出【坐标系】对话框，拖动动态坐标系旋转手柄，将ZM轴旋转到绝对坐标系的-Z轴方向；然后再拖动动态坐标系旋转手柄，将XM轴旋转到绝对坐标系的X轴方向，如图4-154所示。

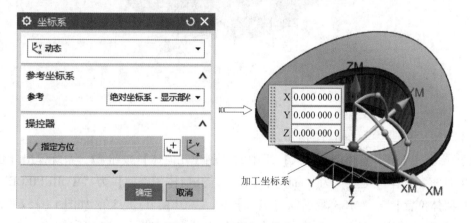

图4-154 调整加工坐标系

（4）设置安全平面。在【安全设置】组框中的【安全设置选项】下拉列表中选择【平面】选项，选择工件表面并设置高度-1 000 mm，单击【确定】按钮，完成安全平面设置，如图4-155所示。

（5）选择下拉菜单【格式】|【WCS】|【动态】命令，调整WCS与加工坐标系保持一致，如图4-156所示。

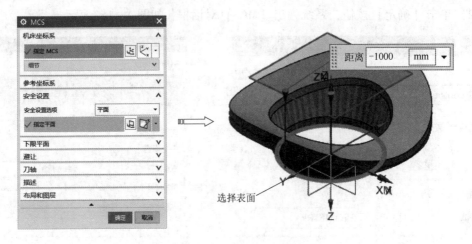

图 4 - 155　设置安全平面的位置

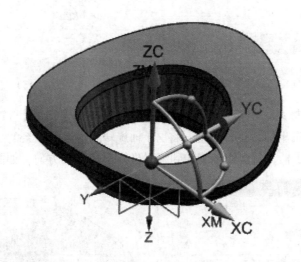

图 4 - 156　调整 WCS

4.2.5.2　创建接口反面铣削加工几何体

（1）单击【主页】选项卡【插入】组中的【创建几何体】按钮，系统弹出【创建几何体】对话框。选择【类型】为"mill_contour"，【几何体子类型】为"WORKPIECE"图标，【几何体位置】为"MCS_反面"，【名称】为"WORKPIECE_3"，如图 4 - 157 所示。

（2）单击【确定】按钮，系统弹出【工件】对话框，如图 4 - 158 所示。

（3）创建部件几何体。单击【几何体】组框【指定部件】选项后的【选择或编辑部件几何体】按钮，弹出【部件几何体】对话框，选择图层 20 的实体，如图 4 - 159 所示。单击【确定】按钮，返回【工件】对话框。

（4）选择毛坯几何体。单击【几何体】组框中【指定毛坯】选项后的【选择或编辑毛坯几何体】按钮，弹出【毛坯几何体】对话框，在【类型】下拉列表选择"几何体"，选择图层 10 上的实体，单击【确定】按钮，完成毛坯几何体的创建，如图 4 - 160 所示。

图 4 – 157 【创建几何体】对话框

图 4 – 158 【工件】对话框

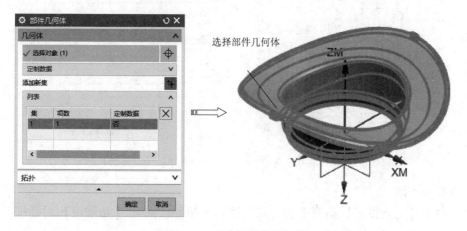

选择部件几何体

图 4 – 159 选择部件几何体

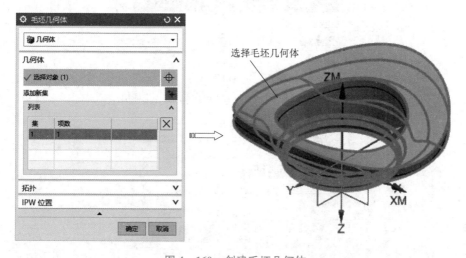

选择毛坯几何体

图 4 – 160 创建毛坯几何体

4.2.5.3　创建接口工艺凸台顶面铣削刀路

1. 创建型腔铣加工

（1）单击【主页】选项卡【插入】组中的【创建工序】按钮 👆，弹出【创建工序】对话框，【类型】为"mill_contour"，【工序子类型】为第1行第1个图标 ▣（CAVITY_MILL），【程序】为"NC_PROGRAM"，【刀具】为"T1D160R10"，【几何体】为"WORKPIECE_3"，【方法】为"METHOD"，【名称】为"FM_CU1"，如图4－161所示。

（2）单击【确定】按钮，弹出【型腔铣】对话框，如图4－162所示。

图4－161　【创建工序】对话框　　　图4－162　【型腔铣】对话框

2. 设置切削层

（1）单击【刀轨设置】组框中的【切削层】按钮 ▦，弹出【切削层】对话框，【范围类型】为"单个"，【最大距离】为"1.5"，如图4－163所示。

图4－163　【切削层】对话框

（2）在【范围深度】选项中单击【选择对象】按钮 ⊕，然后选择如图4-164所示的凸台平面作为范围底。

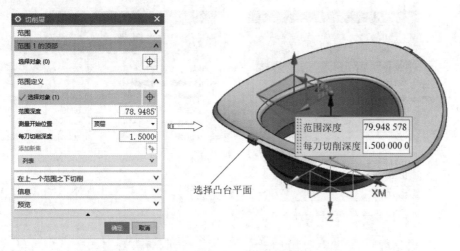

图4-164 设置范围深度

3. 选择切削模式和设置切削用量

在【型腔铣】对话框的【刀轨设置】组框设置【切削模式】为"跟随周边"，【步距】为"刀具平直"，【平面直径百分比】为"50"，如图4-165所示。

图4-165 选择切削模式和设置切削用量

4. 设置切削参数

单击【刀轨设置】组框中的【切削参数】按钮🔄，弹出【切削参数】对话框，进行切削参数设置。

【策略】选项卡：【切削方向】为"顺铣"，【切削顺序】为"深度优先"，【刀路方向】

为"向外"，其他参数设置如图 4 - 166 所示。

【余量】选项卡：【部件侧面余量】为"0"，其他参数设置如图 4 - 167 所示。

图 4 - 166 【策略】选项卡

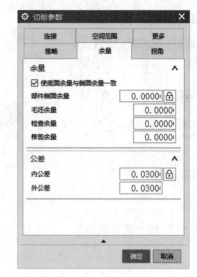

图 4 - 167 【余量】选项卡

单击【切削参数】对话框中的【确定】按钮，完成切削参数设置。

5. 设置非切削移动

单击【刀轨设置】组框中的【非切削移动】按钮，弹出【非切削移动】对话框，进行非切削参数设置。

【进刀】选项卡：【开放区域】的【进刀类型】为"线性"，【长度】为"50%"，其他参数设置如图 4 - 168 所示。

【退刀】选项卡：【退刀类型】为"与进刀相同"，其他参数设置如图 4 - 169 所示。

图 4 - 168 【进刀】选项卡

图 4 - 169 【退刀】选项卡

【转移/快速】选项卡：【区域内】选项中【转移类型】为"前一平面"，其他参数设置如图 4 – 170 所示。

图 4 – 170　【转移/快速】选项卡

【起点/钻点】选项卡：单击【指定点】选项，在图形区选择如图 4 – 171 所示的端点作为起点。

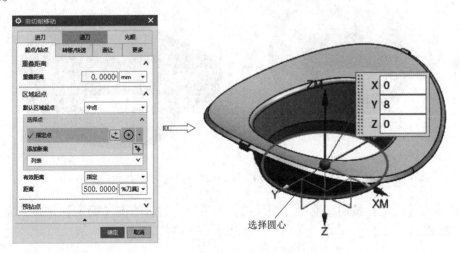

图 4 – 171　选择起点

单击【非切削移动】对话框中的【确定】按钮，完成非切削参数设置。

6. 设置进给率和速度参数

单击【刀轨设置】组框中的【进给率和速度】按钮 ，弹出【进给率和速度】对话框。设置【主轴速度】为 2 000 r/min，进给率【切削】为"1 000"，单位为"毫米/分钟

（mm/min）"，其他参数设置如图 4-172 所示。

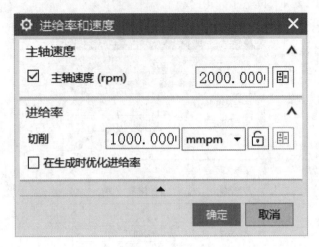

图 4-172 【进给率和速度】对话框

7. 生成刀具路径并验证

（1）在【工序】对话框中完成参数设置后，单击该对话框底部【操作】组框中的【生成】按钮，可在操作对话框下生成刀具路径，如图 4-173 所示。

（2）单击【工序】对话框底部【操作】组框中的【确认】按钮，弹出【刀轨可视化】对话框，然后选择【2D 动态】选项卡，单击【播放】按钮，可进行 2D 动态刀具切削过程模拟，如图 4-173 所示。

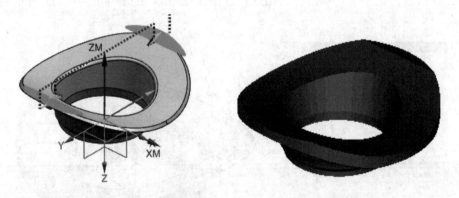

图 4-173 生成刀具路径与 2D 动态刀具切削过程模拟

（3）单击【确定】按钮，返回【型腔铣】对话框，然后单击【确定】按钮，完成型腔铣粗加工操作。

4.2.5.4 创建接口陡峭面等高轮廓铣粗加工

1. 复制工序

（1）在【工序导航器】窗口选择"ZM_CU1"操作，单击鼠标右键，在弹出的快捷菜单中选择【复制】命令，如图 4-174 所示。

（2）选中"FM_CU1"操作，单击鼠标右键，在弹出的快捷菜单中选择【粘贴】命令，粘贴工序并重命名为 FM_CU2，如图 4-174 所示。

 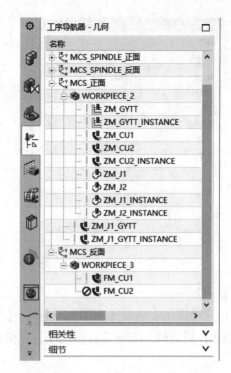

图 4 –174　复制、粘贴工序

2. 选择切削区域

单击【几何体】组框【指定切削区域】选项后的【选择或编辑切削区域】按钮，弹出【切削区域】对话框。在图形区选择如图 4 – 175 所示的 11 个曲面作为切削区域，单击【确定】按钮完成。

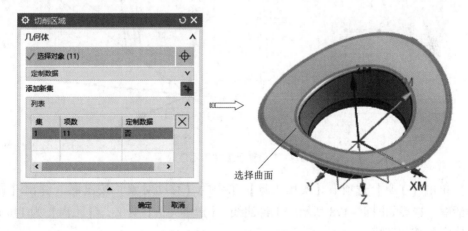

图 4 – 175　选择切削区域

3. 指定修剪边界

单击【几何体】组框【指定修剪边界】后的【选择或编辑修剪边界】按钮，弹出【修剪边界】对话框，在【边界】中选择"曲线"，【修剪侧】为"外侧"，在图形区选择在图层 21 上如图 4 –176 所示的曲线作为修剪边界，单击【确定】按钮完成。

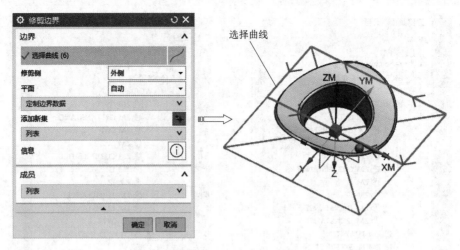

图4-176 指定修剪边界

4. 设置切削层

（1）在功能区中单击【视图】选项卡【可见性】组中的【图层设置】按钮🔧，弹出【图层设置】对话框，选中【21】图层，在图形区显示毛坯和工件的轮廓曲线，如图4-177所示。

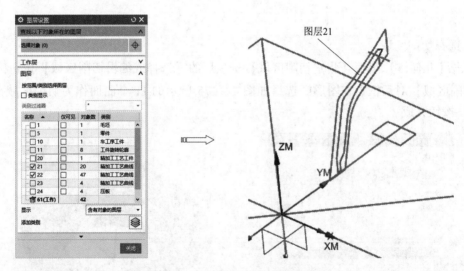

图4-177 显示工件和毛坯轮廓

（2）单击【工具】选项卡【实用工具】组中的【移动对象】按钮🔩，弹出【移动对象】对话框，选择如图4-178所示的工件曲线，【指定矢量】为ZC，【距离】为140×0.8，单击【确定】按钮完成。

> **技术要点**：刀具的有效切削范围为 $(D-2R) \times 0.8$，将工件曲线移动刀具有效切削范围。

（3）单击【刀轨设置】组框中的【切削层】按钮🔳，弹出【切削层】对话框，【范围类型】为"单个"，【最大距离】为"1.5"，如图4-179所示。

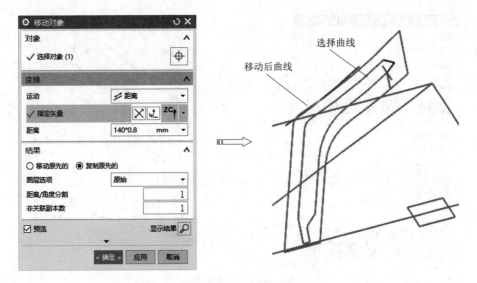

图 4 – 178　移动曲线

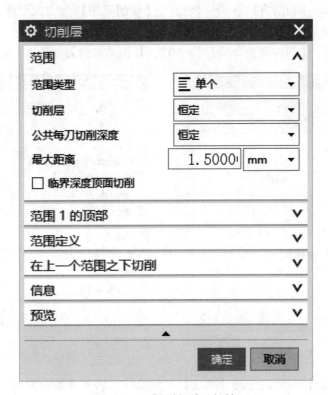

图 4 – 179　【切削层】对话框

（4）在【范围定义】选项中单击【选择对象】按钮 ⊕，然后选择如图 4 – 180 所示的曲线交点作为范围底。

5. 设置切削参数

单击【刀轨设置】组框中的【切削参数】按钮 🗗，弹出【切削参数】对话框，进行切削参数设置。

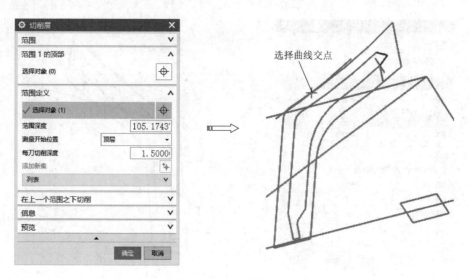

图 4 - 180　设置范围底

【策略】选项卡：【切削方向】为"混合"，【切削顺序】为"深度优先"，【刀路方向】为"向外"，其他参数设置如图 4 - 181 所示。

【余量】选项卡：【部件侧面余量】为"0"，其他参数设置如图 4 - 182 所示。

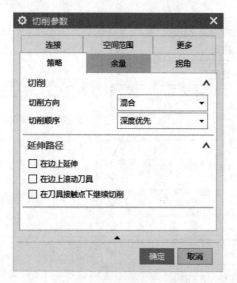

图 4 - 181　【策略】选项卡

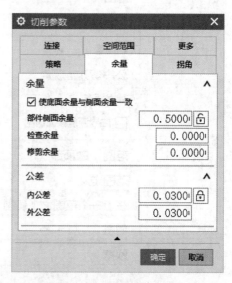

图 4 - 182　【余量】选项卡

单击【切削参数】对话框中的【确定】按钮，完成切削参数设置。

6. 生成刀具路径并验证

（1）在【工序】对话框中完成参数设置后，单击该对话框底部【操作】组框中的【生成】按钮 ⚞，可在操作对话框下生成刀具路径，如图 4 - 183 所示。

（2）单击【工序】对话框底部【操作】组框中的【确认】按钮 ⚙，弹出【刀轨可视化】对话框，然后选择【2D 动态】选项卡，单击【播放】按钮 ▶，可进行 2D 动态刀具切削过程模拟，如图 4 - 183 所示。

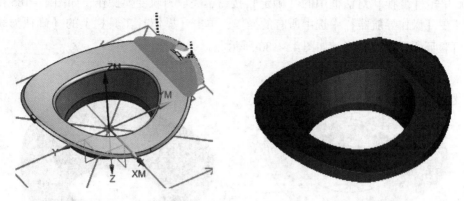

图4-183 生成刀具路径与2D动态刀具切削过程模拟

（3）单击【确定】按钮，返回【型腔铣】对话框，然后单击【确定】按钮，完成型腔铣粗加工操作。

7. 旋转复制刀轨

（1）在【操作导航器】窗口中选中FM_CU2加工操作，单击鼠标右键，在弹出的快捷菜单中选择【对象】→【变换】命令，在弹出的【变换】对话框【类型】选择"绕直线旋转"，在【变换参数】选项中选择【直线方法】为"点和矢量"，点的坐标为（0，0，0），【指定矢量】为"ZC"，在【结果】选项中选择"实例"，【距离/角度分割】为"1"，【实例数】为"1"，如图4-184所示。

图4-184 【变换】对话框

（2）单击【变换】对话框中的【确定】按钮，完成刀轨变换操作，如图 4 –185 所示。

（3）在【操作导航器】中选中所有的操作，单击【操作】工具栏上的【确认刀轨】按钮 ，可验证所设置的刀轨，如图 4 –186 所示。

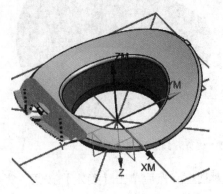

图 4 –185　旋转复制的切削刀具路径　　　　图 4 –186　刀具路径切削验证

4.2.5.5　创建接口平缓面等高轮廓铣粗加工

1. 复制工序

（1）在【工序导航器】窗口选择"FM_CU1"操作，单击鼠标右键，在弹出的快捷菜单中选择【复制】命令，如图 4 –187 所示。

（2）选中"FM_CU2_INSTANCE"操作，单击鼠标右键，在弹出的快捷菜单中选择【粘贴】命令，粘贴工序并重命名为 FM_CU3，如图 4 –187 所示。

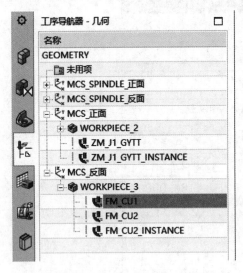
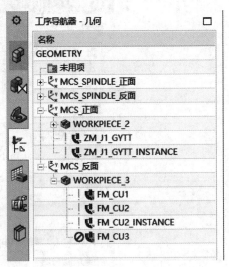

图 4 –187　复制、粘贴工序

2. 指定修剪边界

单击【几何体】组框【指定修剪边界】后的【选择或编辑修剪边界】按钮 ，弹出【修剪边界】对话框，在【选择方法】中选择"曲线"，【修剪侧】为"外侧"，在图形区选择在图层 21 上如图 4 –188 所示的曲线作为修剪边界，单击【确定】按钮完成。

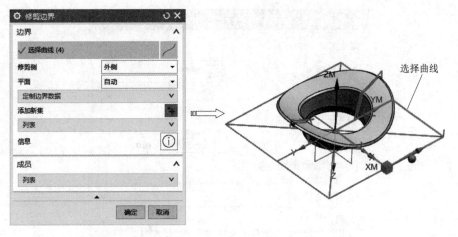

图 4 – 188　指定修剪边界

3. 选择切削模式和设置切削用量

在【型腔铣】对话框的【刀轨设置】组框设置【切削模式】为"跟随周边",【步距】为"刀具平直",【平面直径百分比】为"80",如图 4 – 189 所示。

图 4 – 189　选择切削模式和设置切削用量

4. 设置切削层

(1) 单击【刀轨设置】组框中的【切削层】按钮 ![](，弹出【切削层】对话框,【范围类型】为"单个",【最大距离】为"1.5",如图 4 – 190 所示。

(2) 在【范围 1 的顶部】选项中单击【选择对象】按钮 ![]，然后选择如图 4 – 191 所示的边线端点作为范围顶。

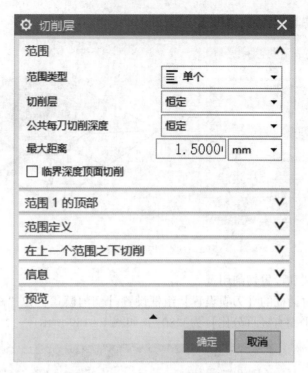

图 4 – 190 【切削层】对话框

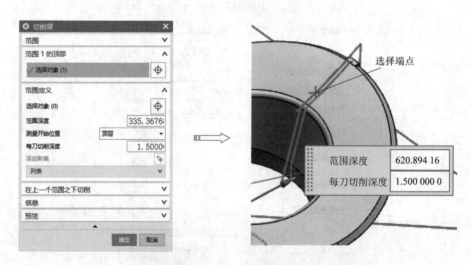

图 4 – 191 设置范围顶

5. 设置切削参数

单击【刀轨设置】组框中的【切削参数】按钮，弹出【切削参数】对话框，进行切削参数设置。

【策略】选项卡：【切削方向】为"顺铣"，【刀路方向】为"向内"，其他参数设置如图 4 – 192 所示。

【余量】选项卡：【部件侧面余量】为"0.5"，其他参数设置如图 4 – 193 所示。

单击【切削参数】对话框中的【确定】按钮，完成切削参数设置。

图 4-192 【策略】选项卡　　　　图 4-193 【余量】选项卡

6. 生成刀具路径并验证

(1) 在【工序】对话框中完成参数设置后,单击该对话框底部【操作】组框中的【生成】按钮![icon],可在操作对话框下生成刀具路径,如图 4-194 所示。

(2) 单击【工序】对话框底部【操作】组框中的【确认】按钮![icon],弹出【刀轨可视化】对话框,然后选择【2D 动态】选项卡,单击【播放】按钮![icon],可进行 2D 动态刀具切削过程模拟,如图 4-194 所示。

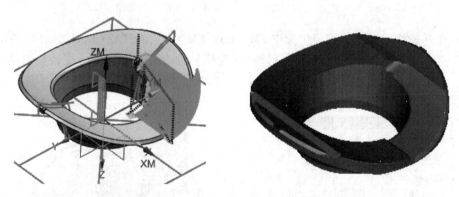

图 4-194　生成刀具路径与 2D 动态刀具切削过程模拟

(3) 单击【确定】按钮,返回【型腔铣】对话框,然后单击【确定】按钮,完成型腔铣粗加工操作。

7. 旋转复制刀轨

(1) 在【操作导航器】窗口中选中 FM_CU3 加工操作,单击鼠标右键,在弹出的快捷菜单中选择【对象】→【变换】命令,在弹出的【变换】对话框中选择【通过一平面镜像】,【指定平面】为 "YZ 平面",【结果】为 "实例",【距离/角度分割】为 "1",如图 4-195 所示。

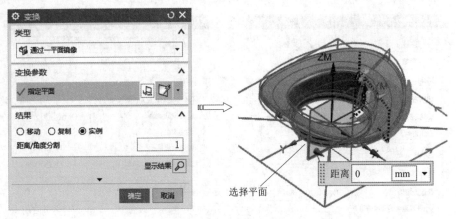

图 4 – 195　变换参数

（2）单击【变换】对话框中的【确定】按钮，完成刀轨变换操作，如图 4 – 196 所示。

（3）在【操作导航器】中选中所有的操作，单击【操作】工具栏上的【确认刀轨】按钮 🎟，可验证所设置的刀轨，如图 4 – 197 所示。

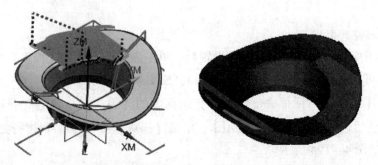

图 4 – 196　镜像复制的切削刀具路径　　图 4 – 197　刀具路径切削验证

（4）在【操作导航器】窗口中选中 FM_CU3、FM_CU3_INSTANCE 加工操作，单击鼠标右键，在弹出的快捷菜单中选择【对象】→【变换】命令，在弹出的【变换】对话框【类型】选择"通过一平面镜像"，【指定平面】为"ZX 平面"，【结果】为"实例"，【距离/角度分割】为"1"，如图 4 – 198 所示。

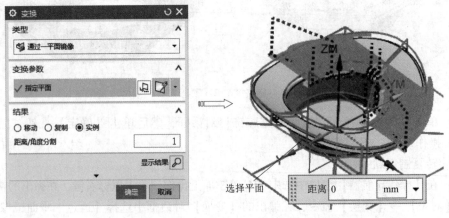

图 4 – 198　变换参数

（5）单击【变换】对话框中的【确定】按钮，完成刀轨变换操作，如图 4-199 所示。

（6）在【操作导航器】中选中所有的操作，单击【操作】工具栏上的【确认刀轨】按钮 ![icon]，可验证所设置的刀轨，如图 4-200 所示。

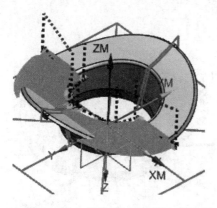

图 4-199　镜像复制的切削刀具路径

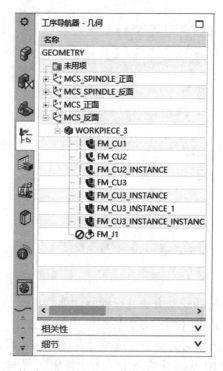

图 4-200　刀具路径切削验证

4.2.5.6　创建接口表面固定轴曲面轮廓铣精加工

1. 复制工序

（1）在【工序导航器】窗口选择"ZM_J1"操作，单击鼠标右键，在弹出的快捷菜单中选择【复制】命令，如图 4-201 所示。

（2）选中"FM_CU2_INSTANCE_INSTANCE"操作，单击鼠标右键，在弹出的快捷菜单中选择【粘贴】命令，粘贴工序并重命名为 FM_J1，如图 4-201 所示。

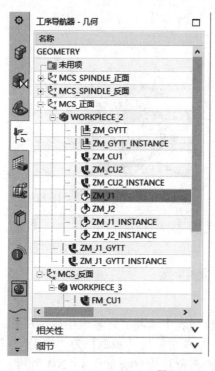

图 4-201　复制、粘贴工序

2. 选择切削区域

单击【几何体】组框中【指定切削区域】选项后的【选择或编辑切削区域】按钮 ，弹出【切削区域】对话框。在图形区选择如图 4-202 所示在 20 层上的 1 个曲面作为切削区域，单击【确定】按钮完成。

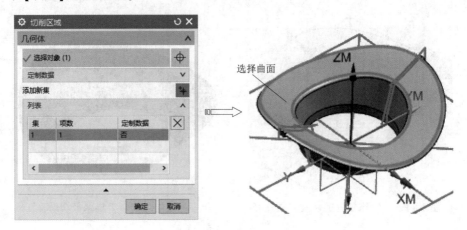

图 4-202 选择切削区域

3. 指定修剪边界

单击【几何体】组框【指定修剪边界】后的【选择或编辑修剪边界】按钮 ，弹出【修剪边界】对话框，在【选择方法】中选择"曲线"，【修剪侧】为"外侧"，在图形区选择在图层 21 上如图 4-203 所示的曲线作为修剪边界，【余量】为 -10，单击【确定】按钮完成。

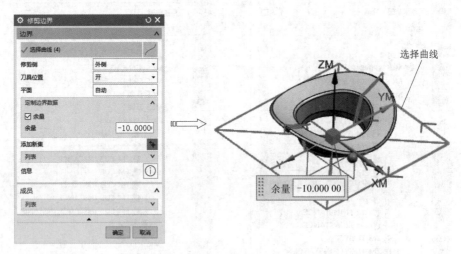

图 4-203 选择修剪边界

4. 选择驱动方法并设置驱动参数

（1）在【驱动方式】组框中的【方法】下拉列表中选取"区域铣削"，在【区域铣削驱动方法】对话框中，选择【非陡峭切削模式】为"往复"，【步距】为"恒定"，【最大距离】为 10 mm，【切削角】为"指定"，【与 XC 的夹角】为 90，如图 4-204 所示。

（2）单击【确定】按钮，完成驱动方法设置，返回【固定轮廓铣】对话框。

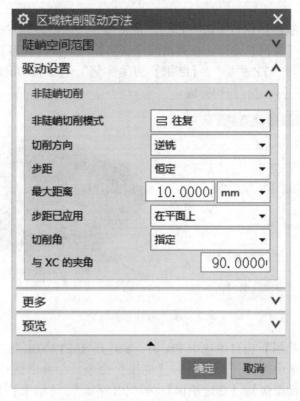

图 4 – 204 选择区域铣削驱动方法

5. 生成刀具路径并验证

（1）在【工序】对话框中完成参数设置后，单击该对话框底部【操作】组框中的【生成】按钮 ，可生成该操作的刀具路径，如图 4 – 205 所示。

（2）单击【工序】对话框底部【操作】组框中的【确认】按钮 ，弹出【刀轨可视化】对话框，然后选择【2D 动态】选项卡，单击【播放】按钮 ，可进行 2D 动态刀具切削过程模拟，如图 4 – 205 所示。

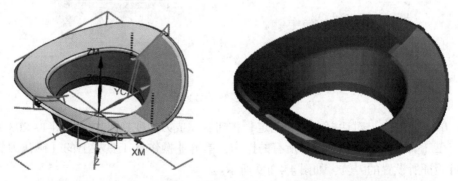

图 4 – 205 生成刀具路径与 2D 动态刀具切削过程模拟

（3）单击【固定轮廓铣】对话框中的【确定】按钮，接受刀具路径，并关闭【固定轮廓铣】对话框。

6. 旋转复制刀轨

（1）在【操作导航器】窗口中选中 FM_J1 加工操作，单击鼠标右键，在弹出的快捷菜单中选择【对象】→【变换】命令，在弹出的【变换】对话框【类型】选择"通过一平面镜像"，【指定平面】为"YZ 平面"，【结果】为"实例"，【距离/角度分割】为"1"，如图 4 – 209 所示，单击【确定】按钮完成。

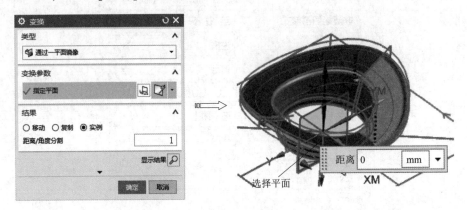

图 4 – 206　变换参数设置

（2）在【操作导航器】窗口中选中 FM_J1、FM_J1_INSTANCE 加工操作，单击鼠标右键，在弹出的快捷菜单中选择【对象】→【变换】命令，在弹出的【变换】对话框【类型】选择【通过一平面镜像】，【指定平面】为"ZX 平面"，【结果】为"实例"，【距离/角度分割】为"1"，如图 4 – 207 所示。

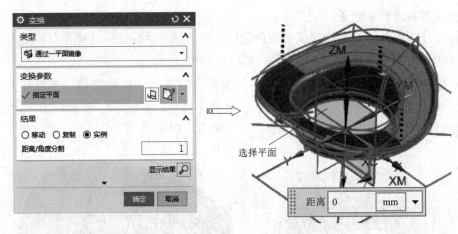

图 4 – 207　变换参数设置

（3）单击【变换】对话框中的【确定】按钮，完成刀轨变换操作，如图 4 – 208 所示。

（4）在【操作导航器】中选中所有的操作，单击【操作】工具栏上的【确认刀轨】按钮 ，可验证所设置的刀轨，如图 4 – 209 所示。

4.2.5.7　创建坡口固定轴曲面轮廓铣精加工

1. 复制工序

（1）在【工序导航器】窗口选择"ZM_J2"操作，单击鼠标右键，在弹出的快捷菜单中选择【复制】命令，如图 4 – 210 所示。

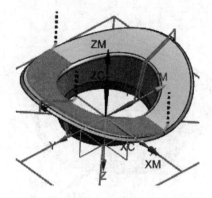

图 4 – 208 镜像复制的切削刀具路径

图 4 – 209 刀具路径切削验证

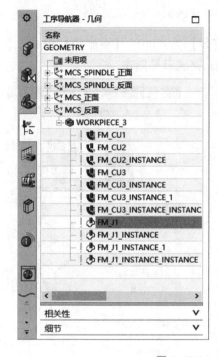

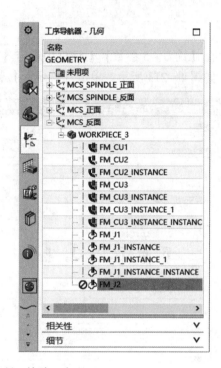

图 4 – 210 复制、粘贴工序

（2）选中"FM_J1_INSTANCE_INSTANCE"操作，单击鼠标右键，在弹出的快捷菜单中选择【粘贴】命令，粘贴工序并重命名为 FM_J2，如图 4 – 210 所示。

2. 选择切削区域

单击【几何体】组框中【指定切削区域】选项后的【选择或编辑切削区域】按钮，弹出【切削区域】对话框。在图形区选择如图 4 – 211 所示 20 层上的 2 个曲面作为切削区域，单击【确定】按钮完成。

3. 创建加工刀具

（1）在【工具】组中单击【刀具】后的【创建刀具】按钮，弹出【新建刀具】对话框。【类型】为"mill_planar"，【刀具子类型】选择"MILL"图标，【名称】为"T2D80R10"，如图 4 – 212 所示。单击【确定】按钮，弹出【铣刀 – 5 参数】对话框。

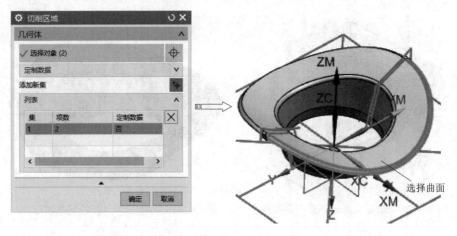

图 4-211　选择切削区域

（2）在【铣刀-5参数】对话框中设定【直径】为"80"，【下半径】为10，【刀具号】为"2"，如图4-213所示。单击【确定】按钮，完成刀具创建。

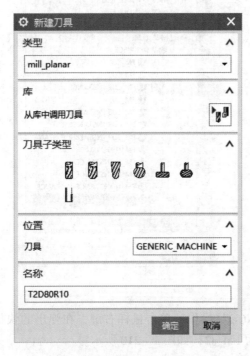

图 4-212　【新建刀具】对话框

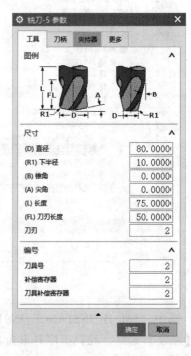

图 4-213　【铣刀-5参数】对话框

4. 选择驱动方法并设置驱动参数

（1）在【驱动方式】组框中的【方法】下拉列表中选取"区域铣削"，在【区域铣削驱动方法】对话框中，选择【非陡峭切削模式】为"径向往复"，【步距】为"恒定"，【最大残余高度】为10 mm，如图4-214所示。

（2）【刀路中心】为"指定"，【指定点】选择【圆心】图标 ⊙·，在图形区选择如图4-215所示的圆弧中心。

（3）单击【确定】按钮，完成驱动方法设置，返回【固定轮廓铣】对话框。

图 4 – 214　选择区域铣削驱动方法

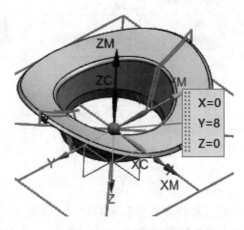

图 4 – 215　选择刀路中心

5. 生成刀具路径并验证

（1）在【工序】对话框中完成参数设置后，单击该对话框底部【操作】组框中的【生成】按钮，可生成该操作的刀具路径，如图 4 – 216 所示。

（2）单击【工序】对话框底部【操作】组框中的【确认】按钮，弹出【刀轨可视化】对话框，然后选择【2D 动态】选项卡，单击【播放】按钮，可进行 2D 动态刀具切削过程模拟，如图 4 – 216 所示。

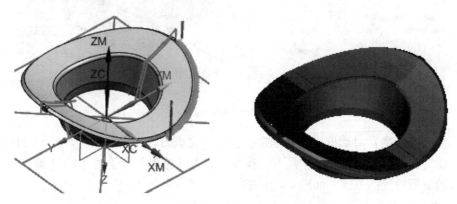

图 4 – 216　生成刀具路径与 2D 动态刀具切削过程模拟

（3）单击【固定轮廓铣】对话框中的【确定】按钮，接受刀具路径，并关闭【固定轮廓铣】对话框。

6. 旋转复制刀轨

（1）在【操作导航器】窗口中选中 FM_J2 加工操作，单击鼠标右键，在弹出的快捷菜单中选择【对象】→【变换】命令，在弹出的【变换】对话框中选择【通过一平面镜像】，【指定平面】为"YZ 平面"，【结果】为"实例"，【距离/角度分割】为"1"，如图 4 – 217 所示，单击【确定】按钮完成。

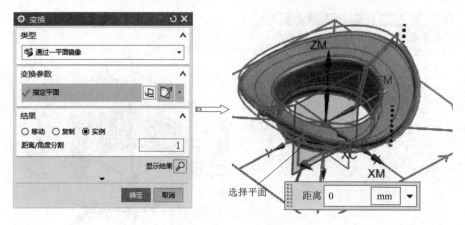

图 4-217 变换参数

（2）在【操作导航器】窗口中选中 FM_J2、FM_J2_INSTANCE 加工操作，单击鼠标右键，在弹出的快捷菜单中选择【对象】→【变换】命令，在弹出的【变换】对话框【类型】选择【通过一平面镜像】，【指定平面】为"ZX 平面"，【结果】为"实例"，【距离/角度分割】为"1"，如图 4-218 所示。

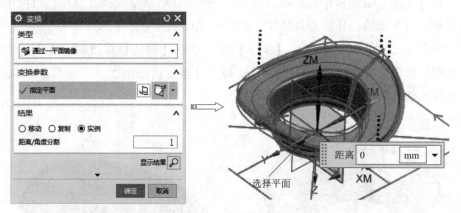

图 4-218 变换参数

（3）单击【变换】对话框中的【确定】按钮，完成刀轨变换操作，如图 4-219 所示。

（4）在【操作导航器】中选中所有的操作，单击【操作】工具栏上的【确认刀轨】按钮 ，可验证所设置的刀轨，如图 4-220 所示。

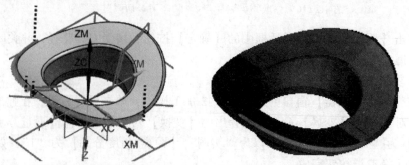

图 4-219　镜像复制的切削刀具路径　　　　图 4-220　刀具路径切削验证

4.2.5.8 创建接口圆角固定轴曲面轮廓铣精加工

1. 复制工序

（1）在【工序导航器】窗口选择"FM_J2"操作，单击鼠标右键，在弹出的快捷菜单中选择【复制】命令，如图4-221所示。

（2）选中"FM_J2_INSTANCE_INSTANCE"操作，单击鼠标右键，在弹出的快捷菜单中选择【粘贴】命令，粘贴工序并重命名为FM_J3，如图4-221所示。

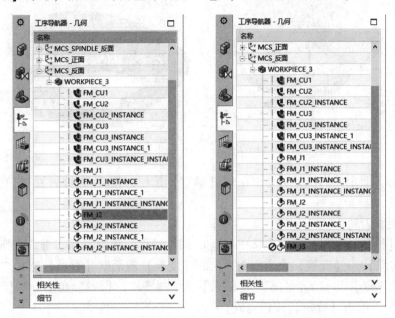

图4-221　复制、粘贴工序

2. 选择切削区域

单击【几何体】组框中【指定切削区域】选项后的【选择或编辑切削区域】按钮![icon]，弹出【切削区域】对话框。在图形区选择如图4-222所示在20层上的2个曲面作为切削区域，单击【确定】按钮完成。

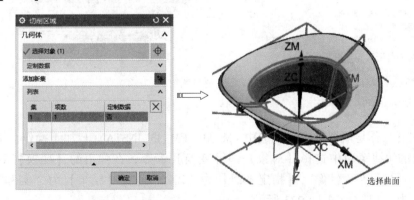

图4-222　选择切削区域

3. 生成刀具路径并验证

（1）在【工序】对话框中完成参数设置后，单击该对话框底部【操作】组框中的【生成】按钮，可生成该操作的刀具路径，如图4-223所示。

（2）单击【工序】对话框底部【操作】组框中的【确认】按钮，弹出【刀轨可视化】对话框，然后选择【2D动态】选项卡，单击【播放】按钮▶，可进行2D动态刀具切削过程模拟，如图4-223所示。

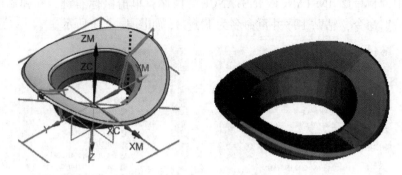

图4-223　生成刀具路径与2D动态刀具切削过程模拟

（3）单击【固定轮廓铣】对话框中的【确定】按钮，接受刀具路径，并关闭【固定轮廓铣】对话框。

4. 旋转复制刀轨

（1）在【操作导航器】窗口中选中FM_J2加工操作，单击鼠标右键，在弹出的快捷菜单中选择【对象】→【变换】命令，在弹出的【变换】对话框【类型】选择"通过一平面镜像"，【指定平面】为"YZ平面"，【结果】为"实例"，【距离/角度分割】为"1"，如图4-224所示，单击【确定】按钮完成。

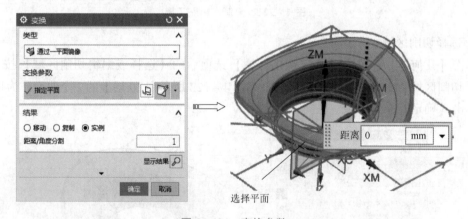

图4-224　变换参数

（2）在【操作导航器】窗口中选中FM_J3、FM_J3_INSTANCE加工操作，单击鼠标右键，在弹出的快捷菜单中选择【对象】→【变换】命令，在弹出的【变换】对话框【类型】选择"通过一平面镜像"，【指定平面】为"ZX平面"，【结果】为"实例"，【距离/角度分割】为"1"，如图4-225所示。

（3）单击【变换】对话框中的【确定】按钮，完成刀轨变换操作，如图4-226所示。

（4）在【操作导航器】中选中所有的操作，单击【操作】工具栏上的【确认刀轨】按钮，可验证所设置的刀轨，如图4-227所示。

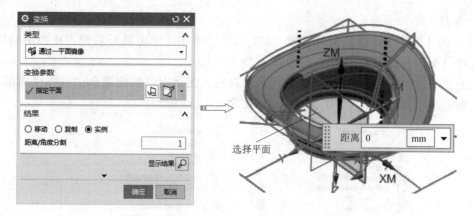

图 4-225　变换参数

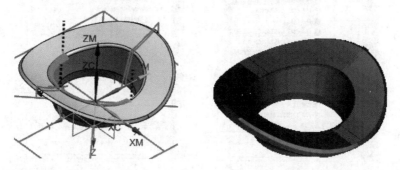

图 4-226　镜像复制的切削刀具路径　　图 4-227　刀具路径切削验证

4.2.5.9　创建接口工艺凸台等高轮廓铣精加工

在功能区中单击【视图】选项卡【可见性】组中的【图层设置】按钮，弹出【图层设置】对话框，选中【5】和【21】图层，在图形区显示锻造毛坯和车削工件，如图 4-228 所示。

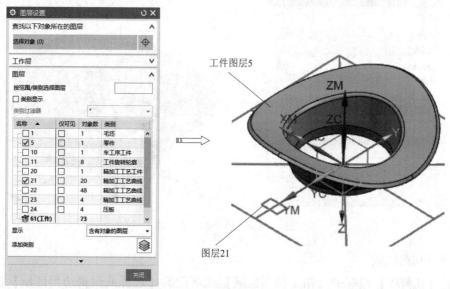

图 4-228　显示锻造毛坯和车削工件

1. 复制工序

（1）在【工序导航器】窗口选择"FM_CU2"操作，单击鼠标右键，在弹出的快捷菜单中选择【复制】命令，如图 4-229 所示。

（2）选中"MCS_反面"操作，单击鼠标右键，在弹出的快捷菜单中选择【内部粘贴】命令，粘贴工序并重命名为 FM_J4_GYTT，如图 4-229 所示。

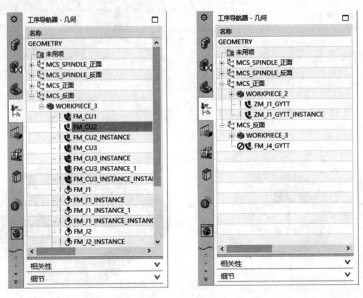

图 4-229　复制、粘贴工序

2. 选择部件几何体

单击【几何体】组框【指定部件】后的【选择或编辑部件几何体】按钮，弹出【部件几何体】对话框，选择如图 4-230 所示图层 5 上的实体。

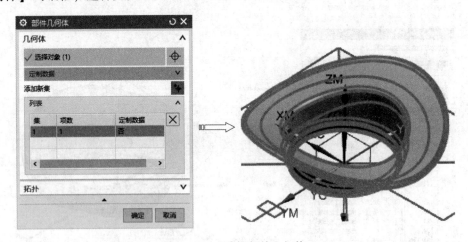

图 4-230　选择部件几何体

3. 选择切削区域

单击【几何体】组框中【指定切削区域】选项后的【选择或编辑切削区域】按钮，弹出【切削区域】对话框。在图形区选择如图 4-231 所示在 5 层上的 4 个曲面作为切削区域，单击【确定】按钮完成。

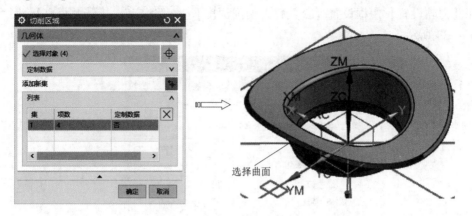

图 4 – 231　选择切削区域

4. 指定修剪边界

单击【几何体】组框【指定修剪边界】后的【选择或编辑修剪边界】按钮，弹出【修剪边界】对话框，在【选择方法】中选择"曲线"，【修剪侧】为"外侧"，在图形区选择图层 21 上如图 4 – 232 所示的曲线作为修剪边界，单击【确定】按钮完成。

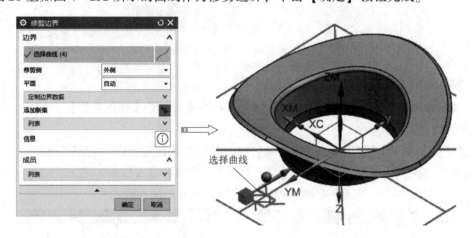

图 4 – 232　选择修剪边界

5. 重新选择刀具

在【工具】选项中选择【刀具】为"T2D80R10"，如图 4 – 233 所示。

图 4 – 233　选择刀具

6. 设置切削用量

在【刀轨设置】组框设置【公共每刀切削深度】为"恒定",【最大距离】为"0.5",如图 4 - 234 所示。

图 4 - 234　设置切削用量

7. 设置切削参数

单击【刀轨设置】组框中的【切削参数】按钮，弹出【切削参数】对话框，进行切削参数设置。

【策略】选项卡：【切削方向】为"混合"，其他参数设置如图 4 - 235 所示。

【余量】选项卡：【部件侧面余量】为"0"，其他参数设置如图 4 - 236 所示。

单击【切削参数】对话框中的【确定】按钮，完成切削参数设置。

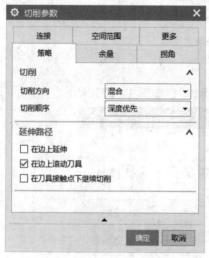

图 4 - 235　【策略】选项卡

图 4 - 236　【余量】选项卡

8. 生成刀具路径并验证

（1）在【工序】对话框中完成参数设置后，单击该对话框底部【操作】组框中的【生成】按钮 ，可生成该操作的刀具路径，如图 4 - 237 所示。

（2）单击【工序】对话框底部【操作】组框中的【确认】按钮 ，弹出【刀轨可视化】对话框，然后选择【2D 动态】选项卡，单击【播放】按钮 ，可进行 2D 动态刀具切削过程模拟，如图 4 - 237 所示。

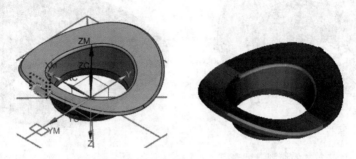

图 4 - 237　生成刀具路径与 2D 动态刀具切削过程模拟

（3）单击【固定轮廓铣】对话框中的【确定】按钮，接受刀具路径，并关闭【固定轮廓铣】对话框。

9. 旋转复制刀轨

（1）在【操作导航器】窗口中选中 FM_J4_GYTT 加工操作，单击鼠标右键，在弹出的快捷菜单中选择【对象】→【变换】命令，在弹出的【变换】对话框【类型】选择"绕直线旋转"，在【变换参数】选项中选择【直线方法】为"点和矢量"，点的坐标为（0，0，0），【指定矢量】为"ZC"，在【结果】选项中选择"实例"，【距离/角度分割】为"1"，【实例数】为"1"，如图 4 - 238 所示。

图 4 - 238　【变换】对话框

（2）单击【变换】对话框中的【确定】按钮，完成刀轨变换操作，如图 4-239 所示。

（3）在【操作导航器】中选中所有的操作，单击【操作】工具栏上的【确认刀轨】按钮，可验证所设置的刀轨，如图 4-240 所示。

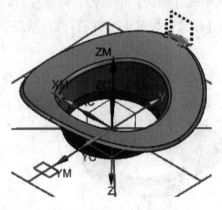

图 4-239　旋转复制的切削刀具路径

图 4-240　刀具路径切削验证

4.3　本章小结

本章通过气体接管实例来具体讲解 NX 3 轴数控加工方法和步骤，希望通过本章的学习，使读者掌握平面轮廓铣、深度轮廓铣、固定轴曲面轮廓方法在数控加工的基本应用。

第5章　1/6分瓣端盖数控加工实例

大型端盖类零件由于体积大，为了便于制造往往通过分瓣制造，然后利用螺栓连接的方式组合成整体结构，因此该类零件数控加工是生产中典型和常见的加工类型。本章以分瓣端盖为例来介绍凸模类和凹模类零件的数控加工方法和步骤。希望通过本章的学习，使读者轻松掌握端盖类多轴数控加工的基本应用。

项目分解

◆ 底壁铣加工
◆ 固定轴曲面轮廓铣
◆ 平面轮廓铣加工
◆ 多工位加工

5.1　1/6分瓣端盖数控加工分析

图5-1所示为分瓣组合端盖，材料为铸件，总重216 t，等分成6瓣，每瓣结构相同，需要采用数控完成加工。

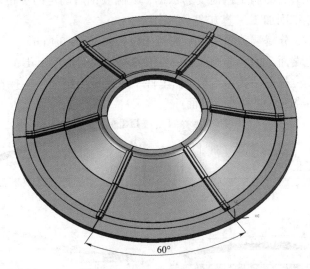

图5-1　1/6分瓣组合端盖

5.1.1 分瓣端盖结构分析

分瓣端盖工件最大直径为 ϕ13 600 mm，内孔为 ϕ4 600 mm，端盖高度为 1 313 mm。1/6 端盖加工区域含内锥面、内外圆面、上下端面、结合面及结合面上各孔、刀具修正背锥面，如图 5 - 2 所示。

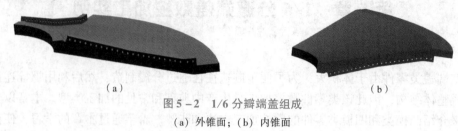

（a）　　　　　　　　　　　　　　　（b）

图 5 - 2　1/6 分瓣端盖组成

（a）外锥面；（b）内锥面

5.1.2 工艺分析与加工方案

1. 工艺分析

组合端盖为回转体，除结合面以外，其余特征以车削加工为主。但因 1/6 端盖为铸件，冒口在内锥面上，余量很大，直接车削为断续切削刀具损耗大，易损机床，另外空行刀较多，加工效率低，故超声波探伤前采用铣削加工各处，各瓣端盖余量一致，探伤合格后组合成整体端盖进行精车，本例主要讲述 1/6 端盖铣削内容。

该工件内锥面的铣削较特殊，为达到探伤粗糙度要求，编程时不仅要考虑加工残留高度，同时要考虑加工效率，经过刀路设计并借助于虚拟加工仿真分析，采用平放工件，即以 1/6 端盖内锥面为基准放平，加工内锥面，粗铣时采用 ϕ200 mm 面铣刀加工，半精铣、精铣时采用 ϕ315 mm 面铣刀进行铣削，半精铣时采用大步距抬刀加工，精铣时仍采用抬刀加工，但需要多分区域，步距设计需要考虑加工成本与粗糙度（切削残留高度），本次精铣步距设计是满足钳工轻轻打磨后即满足粗糙度为依据，实际验证后确定的步距。

2. 1/6 分瓣端盖铣削加工工艺方案

根据零件特点 1/6 分瓣端盖采用 4 个加工工位，如图 5 - 3 所示。工位 1：铣零件小端法兰端面，大端法兰上端面，内、外圆弧面；工位 2：铣大端法兰下端面、内锥面上冒口、结合面及结合面上各孔位打点钻孔；工位 3：工件平放粗铣内锥面——探伤，钳工配合打磨内锥面；工位 4：铣上端面侧壁和铣背锥面。

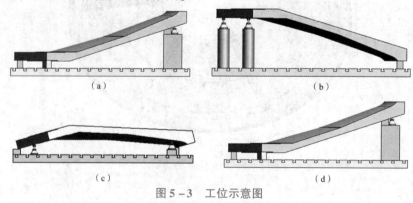

（a）　　　　　　　　　　　　　　　（b）

（c）　　　　　　　　　　　　　　　（d）

图 5 - 3　工位示意图

（a）工位 1；（b）工位 2；（c）工位 3；（d）工位 4

分瓣端盖零件数控加工方案如表 5 - 1 所示。

表 5 - 1　分瓣端盖零件数控加工方案

工序号	工步内容	刀具号	刀具类型	切削用量		
				主轴转速/ （r·min⁻¹）	进给速度/ （mm·min⁻¹）	背吃刀量/ mm
1	铣外锥面小端面	1	φ200 方肩面铣刀	300	1 000	7
2	铣外锥面大端面	1	φ200 方肩面铣刀	300	1 000	7
3	铣外锥面中表面	1	φ200 方肩面铣刀	300	1 000	7
4	铣外锥面内圆弧面	1	φ200 方肩面铣刀	300	1 000	7
5	铣外锥面外圆弧面	1	φ200 方肩面铣刀	300	1 000	7
6	铣内锥面大端面	1	φ200 方肩面铣刀	300	1 000	7
7	铣内锥面中心位置	1	φ200 方肩面铣刀	300	1 000	7
8	铣结合面	1	直角铣头 + φ200 面铣刀	100 ~ 150	400 ~ 500	7
9	打结合面中心点	2	直角铣头 + 尖刀	300	60	0
10	钻结合面孔	3	钻头	200	30	28
11	铣内锥面上冒口	1	φ200 方肩面铣刀	100 ~ 150	500	7
12	粗铣内锥面	1	φ200 方肩面铣刀	300	1 000	7
13	精铣内锥面	4	φ315 面铣刀	300	1 000	1
14	铣外锥面侧壁	1	φ200 方肩面铣刀	300	1 000	7
15	铣外锥面	1	φ200 方肩面铣刀	300	1 000	7

5.2　1/6 分瓣端盖数控编程加工

根据工艺分析和加工方案，采用 NX 对分瓣端盖进行数控加工编程，具体操作过程如下：

5.2.1　查看 CAD 模型

启动 NX 后，单击【主页】选项卡【打开】按钮 ，弹出【打开部件文件】对话框，选择"分瓣端盖 CAD. prt"，单击【OK】按钮，文件打开后如图 5 - 4 所示。

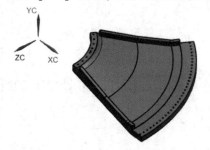

图 5 - 4　打开模型零件

5.2.1.1 加工零件层

在功能区中单击【视图】选项卡【可见性】组中的【图层设置】按钮 ，弹出【图层设置】对话框，在【图层设置】对话框中勾选图层【1】，取消其他图层，显示加工零件，如图 5 - 5 所示。

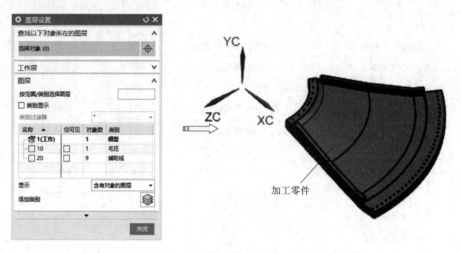

图 5 - 5　加工零件

5.2.1.2　毛坯层

在【图层设置】对话框中勾选图层【10】，取消其他图层，显示铣削毛坯，如图 5 - 6 所示。

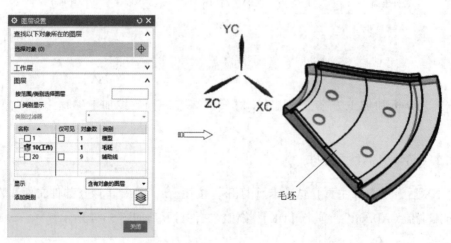

图 5 - 6　铣削毛坯

5.2.1.3　辅助线层

在【图层设置】对话框中勾选图层【20】，显示加工辅助线，如图 5 - 7 所示。

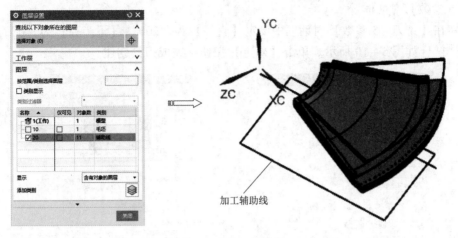

图 5-7　加工辅助线

5.2.2　启动数控加工环境

单击【应用模块】选项卡中的【加工】按钮 ⚒ ，系统弹出【加工环境】对话框，在
【CAM 会话配置】中选择"cam_general"，在【要创建的 CAM 设置】中选择"mill_
contour"，单击【确定】按钮，初始化加工环境，如图 5-8 所示。

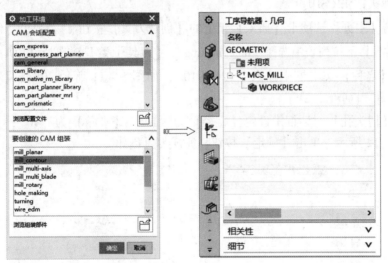

图 5-8　启动 NX CAM 加工环境

5.2.2.1　创建刀具组

单击上边框条【工序导航器组】上的【几何视图】按钮 🔩 ，将【工序导航器】切换到
几何视图显示。

1. 创建平底刀 T1D200

（1）单击【主页】选项卡【插入】组上的【创建刀具】按钮 🔧 ，弹出【创建刀具】
对话框。在【类型】下拉列表中选择"mill_contour"，【刀具子类型】选择【MILL】图标
🔧 ，在【名称】文本框中输入"T1D200"，如图 5-9 所示。单击【确定】按钮，弹出

【铣刀-5参数】对话框。

（2）在【铣刀-5参数】对话框中设定【直径】为"200"，【下半径】为"0"，【刀具号】为"1"，如图5-10所示。单击【确定】按钮，完成刀具创建。

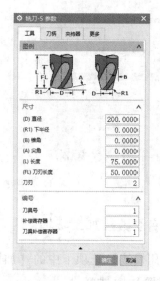

图5-9 【创建刀具】对话框　　　　图5-10 【铣刀-5参数】对话框

2. 创建埋头钻 T2CSD10

（1）单击【主页】选项卡【插入】组上的【创建刀具】按钮，弹出【创建刀具】对话框。在【类型】下拉列表中选择"hole_making"，【刀具子类型】选择【COUNTER_SINK】图标，在【名称】文本框中输入"T2CSD10"，如图5-11所示。单击【确定】按钮，弹出【埋头孔】对话框。

（2）在【埋头孔】对话框中设定【直径】为"10"，【夹角】为"90"，【刀具号】为"2"，如图5-12所示。单击【确定】按钮，完成刀具创建。

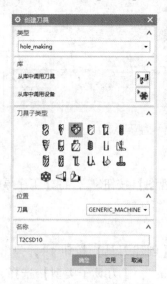

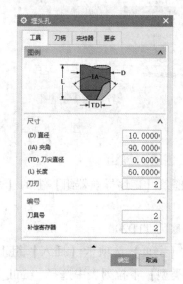

图5-11 【创建刀具】对话　　　　图5-12 【埋头孔】对话框

3. 创建钻头 T3DR56

（1）单击【主页】选项卡【插入】组上的【创建刀具】按钮，弹出【创建刀具】对话框。在【类型】下拉列表中选择"hole_making"，【刀具子类型】选择【STD_DRILL】图标，在【名称】文本框中输入"T3DR56"，如图 5-13 所示。单击【确定】按钮，弹出【钻刀】对话框。

（2）在【钻刀】对话框中设定【直径】为"56"，【长度】为"240"，【刀刃长度】为"200"，【刀具号】为"3"，如图 5-14 所示。单击【确定】按钮，完成刀具创建。

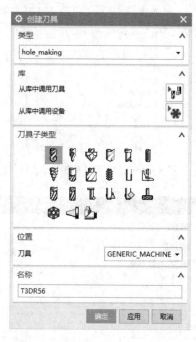

图 5-13 【创建刀具】对话框

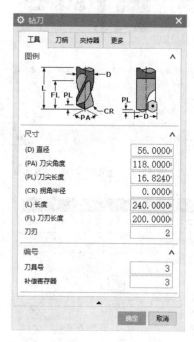

图 5-14 【钻刀】对话框

4. 创建平底刀 T4D315

（1）单击【主页】选项卡【插入】组上的【创建刀具】按钮，弹出【创建刀具】对话框。在【类型】下拉列表中选择"mill_contour"，【刀具子类型】选择【MILL】图标，在【名称】文本框中输入"T4D315"，如图 5-15 所示。单击【确定】按钮，弹出【铣刀-5 参数】对话框。

（2）在【铣刀-5 参数】对话框中设定【直径】为"315"，【下半径】为"0"，【刀具号】为"4"，如图 5-16 所示。单击【确定】按钮，完成刀具创建。

5.2.2.2　创建方法组

（1）单击【主页】选项卡【插入】组中的【创建程序】按钮，弹出【创建程序】对话框，【名称】为"OP10"，单击【确定】按钮，如图 5-17 所示。弹出【程序】对话框，默认参数，单击【确定】按钮完成，如图 5-18 所示。

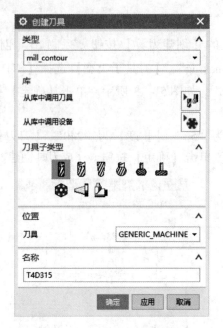

图 5 – 15 【创建刀具】对话框

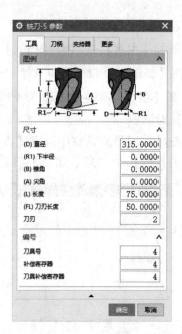

图 5 – 16 【铣刀 – 5 参数】对话框

图 5 – 17 【创建程序】对话框

图 5 – 18 【程序】对话框

（2）重复上述过程创建"OP20""OP30""OP40"程序组，如图 5 – 19 所示。

图 5 – 19 创建程序

5.2.3　创建第一工位加工

5.2.3.1　创建加工几何组

单击上边框条【工序导航器组】上的【几何视图】按钮 ，将【工序导航器】切换到几何视图显示。

1. 调整用户坐标系 WCS

双击窗口中的 WCS 坐标系，将 XC 轴调整为沿如图 5－20 所示的直线方向，将 ZC 轴调整为如图 5－20 所示的平面法线。

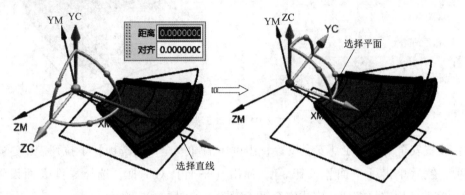

图 5－20　调整 WCS 方向

2. 创建加工坐标系和安全平面

（1）将【工序导航器】窗口中的【MCS_MILL】重命名为【MCS_OP10】，并双击该图标 MCS，弹出【MCS 铣削】对话框，如图 5－21 所示。

图 5－21　【MCS 铣削】对话框

(2) 设置加工坐标系原点。单击【机床坐标系】组框中的【CSYS】按钮 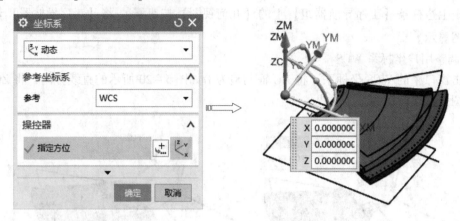，弹出【坐标系】对话框，在【参考坐标系】【参考】中选择"WCS"，如图 5 – 22 所示。单击【确定】按钮返回【MCS 铣削】对话框。

图 5 – 22　设置加工坐标系

(3) 设置安全平面。在【安全设置】组框中的【安全设置选项】下拉列表中选择【平面】选项，然后单击【平面】按钮 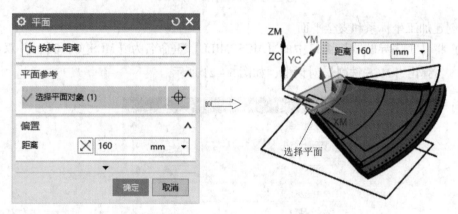，弹出【平面】对话框，选择零件表面设置高度 160 mm，单击【确定】按钮，完成安全平面设置，如图 5 – 23 所示。

图 5 – 23　设置安全平面

3. 创建部件几何体和毛坯几何体

(1) 在【工序导航器】中双击【WORKPIECE】图标，弹出【工件】对话框，如图 5 – 24 所示。

(2) 创建部件几何体。单击【几何体】组框中【指定部件】选项后的【选择或编辑部件几何体】按钮 ，弹出【部件几何体】对话框，选择如图 5 – 25 所示的实体。单击【确定】按钮，返回【部件几何体】对话框。

图 5 – 24 【工件】对话框

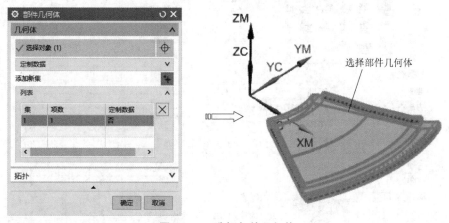

图 5 – 25 选择部件几何体

（3）创建毛坯几何体。单击【几何体】组框中【指定毛坯】选项后的【选择或编辑毛坯几何体】按钮，弹出【毛坯几何体】对话框，在【类型】下拉列表中选择【几何体】选项，选择图层 10 上如图 5 – 26 所示的实体，单击【确定】按钮，完成毛坯几何体的创建。

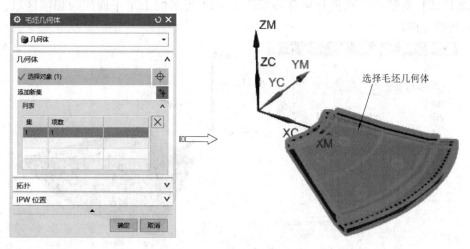

图 5 – 26 选择毛坯几何体

5.2.3.2　创建外锥面小端底壁铣削刀路

1. 创建底壁铣加工

(1) 单击【主页】选项卡【插入】组中的【创建工序】按钮 <img src="icon" />，弹出【创建工序】对话框，【类型】为"mill_planar"，【工序子类型】为第1行第1个图标 <img src="icon" />（FLOOR_WALL），【程序】为"OP10"，【刀具】为"T1D200"，【几何体】为"WORKPIECE"，【方法】为"MEHTOD"，【名称】为"OP10_1"，如图5-27所示。

(2) 单击【确定】按钮，弹出【底壁铣】对话框，如图5-28所示。

图5-27　【创建工序】对话框　　　　图5-28　【底壁铣】对话框

2. 选择切削区域

单击【几何体】组框【指定切削区域】选项后的【选择或编辑切削区域】按钮 <img src="icon" />，弹出【切削区域】对话框。在图形区选择如图5-29所示的1个平面作为切削区域，单击【确定】按钮完成。

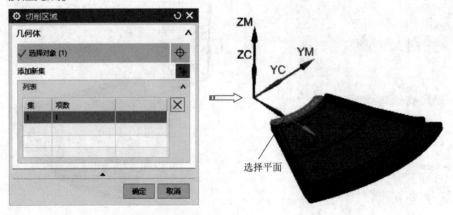

图5-29　选择切削区域

3. 选择切削模式和设置切削用量

在【刀轨设置】组框中【切削模式】为"跟随周边",【步距】为"恒定",【最大距离】为"50",【底面毛坯厚度】为"20",【每刀切削深度】为"7",如图 5 - 30 所示。

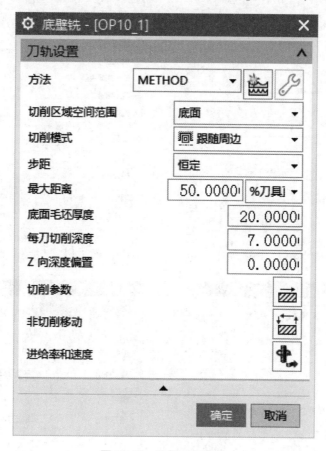

图 5 - 30　设置刀轨参数

4. 设置切削参数

单击【刀轨设置】组框中的【切削参数】按钮，弹出【切削参数】对话框，设置切削加工参数。

【策略】选项卡：【切削方向】为"顺铣",【刀路方向】为"向内",其他接受默认设置，如图 5 -31 所示。

【余量】选项卡：【部件余量】为"0",【壁余量】为"0",如图 5 -32 所示。

单击【切削参数】对话框中的【确定】按钮，完成切削参数设置。

5. 设置非切削移动

单击【刀轨设置】组框中的【非切削移动】按钮，弹出【非切削移动】对话框。

【进刀】选项卡：【进刀类型】为"线性",【长度】为"3",如图 5 -33 所示。

【退刀】选项卡：【退刀类型】为"与进刀相同",如图 5 -34 所示。

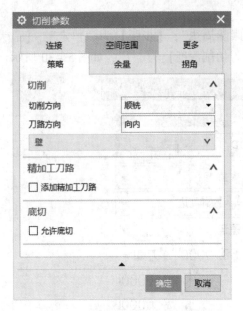

图 5 – 31 【策略】选项卡

图 5 – 32 【余量】选项卡

图 5 – 33 【进刀】选项卡

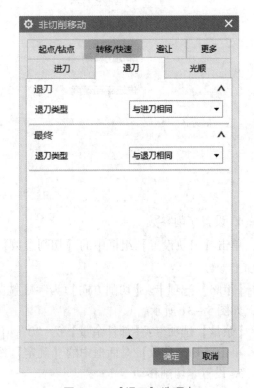

图 5 – 34 【退刀】选项卡

【起点/钻点】选项卡：【区域起点】的【默认区域起点】为"中点"，选择如图 5 – 35 所示直线上的点作为起点。

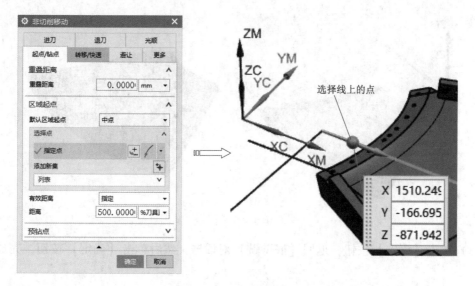

图 5 – 35　选择切削起点

单击【非切削移动】对话框中的【确定】按钮，完成非切削参数设置。

6. 设置切削速度

单击【刀轨设置】组框中的【进给率和速度】按钮 ，弹出【进给率和速度】对话框。设置【主轴速度】为 300 r/min，进给率【切削】为 "1 000"，单位为 "毫米/分钟（mm/min）"，其他接受默认设置，如图 5 – 36 所示。

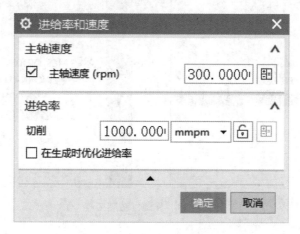

图 5 – 36　【进给率和速度】对话框

7. 生成刀具路径并验证

（1）单击该对话框底部【操作】组框中的【生成】按钮 ，可在操作对话框下生成刀具路径，如图 5 – 37 所示。

（2）单击【操作】组框中的【确认】按钮 ，弹出【刀轨可视化】对话框，然后选择【2D 动态】选项卡，单击【播放】按钮 ，可进行 2D 动态刀具切削过程模拟，如图 5 – 37 所示。

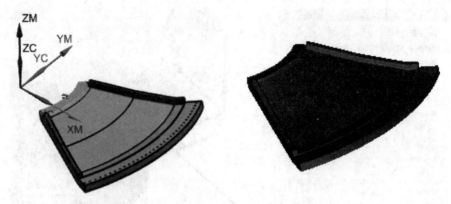

图 5 - 37　刀具路径和 2D 动态刀具切削过程模拟

（3）单击【确定】按钮，返回【底壁铣】对话框，然后单击【确定】按钮，完成加工操作。

5.2.3.3　创建外锥面大端底壁铣削刀路

1. 复制创建工序

在【工序导航器】窗口选择"OP10_1"操作，单击鼠标右键，在弹出的快捷菜单中选择【复制】命令，然后选中"OP10_1"操作，单击鼠标右键，在弹出的快捷菜单中选择【粘贴】命令，粘贴工序并重命名为 OP10_2，如图 5 - 38 所示。

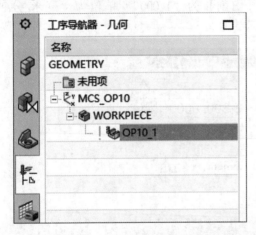
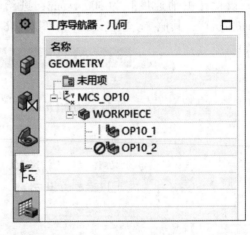

图 5 - 38　复制、粘贴工序

2. 选择切削区域

单击【几何体】组框中【指定切削区域】选项后的【选择或编辑切削区域】按钮 ，弹出【切削区域】对话框。在图形区选择如图 5 - 39 所示的 1 个曲面作为切削区域，单击【确定】按钮完成。

3. 设置非切削参数

单击【刀轨设置】组框中的【非切削移动】按钮 ，弹出【非切削移动】对话框。

【起点/钻点】选项卡：【默认区域起点】为"中点"，单击【指定点】图标，选择图 5 - 40 所示直线上的点作为起点，其他参数设置如图 5 - 40 所示。

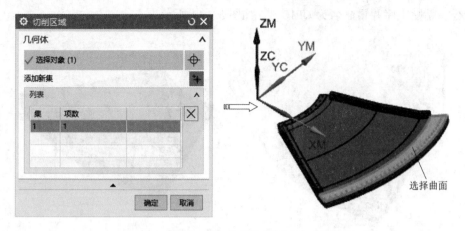

图 5 – 39　选择切削区域

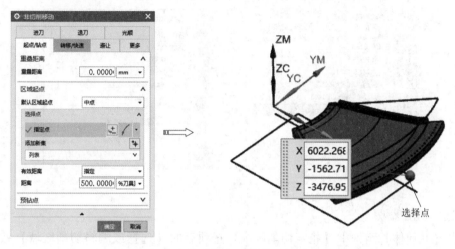

图 5 – 40　【起点/钻点】选项卡

单击【非切削移动】对话框中的【确定】按钮，完成非切削参数设置。

4. 生成刀具路径并验证

（1）单击该对话框底部【操作】组框中的【生成】按钮，可在操作对话框下生成刀具路径，如图 5 – 41 所示。

（2）单击【操作】组框中的【确认】按钮，弹出【刀轨可视化】对话框，然后选择【2D 动态】选项卡，单击【播放】按钮，可进行 2D 动态刀具切削过程模拟，如图 5 – 41 所示。

（3）单击【确定】按钮，返回【底壁铣】对话框，然后单击【确定】按钮，完成加工操作。

5.2.3.4　创建外锥面中间表面底壁铣削刀路

1. 复制创建工序

在【工序导航器】窗口选择"OP10_2"操作，单击鼠标右键，在弹出的快捷菜单中选择【复制】命令，选中"OP10_2"操作，单击鼠标右键，在弹出的快捷菜单中选择【粘贴】命令，粘贴工序并重命名为 OP10_3，如图 5 - 42 所示。

图 5 - 41　刀具路径和 2D 动态刀具切削过程模拟

图 5 - 42　复制、粘贴工序

2. 选择切削区域

单击【几何体】组框中【指定切削区域】选项后的【选择或编辑切削区域】按钮，弹出【切削区域】对话框。在图形区选择如图 5 - 43 所示 1 个曲面作为切削区域，单击【确定】按钮完成。

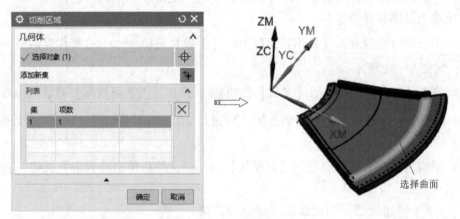

图 5 - 43　选择切削区域

3. 生成刀具路径并验证

（1）单击该对话框底部【操作】组框中的【生成】按钮，可在操作对话框下生成刀具路径，如图 5 - 44 所示。

（2）单击【操作】组框中的【确认】按钮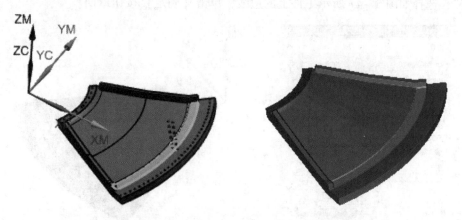，弹出【刀轨可视化】对话框，然后选择
【2D 动态】选项卡，单击【播放】按钮 ▶ 可进行 2D 动态刀具切削过程模拟，如图 5 - 44 所示。

图 5 - 44　刀具路径和 2D 动态刀具切削过程模拟

（3）单击【确定】按钮，返回【底壁铣】对话框，然后单击【确定】按钮，完成加工操作。

5.2.3.5　创建外锥面内圆弧面平面轮廓铣削刀路

1. 创建平面轮廓铣加工

（1）单击【主页】选项卡【插入】组中的【创建工序】按钮 ，弹出【创建工序】对话
框，【类型】为"mill_planar"，【工序子类型】为第 1 行第 6 个图标 （PLANAR_PROFILE），
【程序】为"OP10"，【刀具】为"T1D200"，【几何体】为"WORKPIECE"，【方法】为
"MEHTOD"，【名称】为"OP10_4"，如图 5 - 45 所示。

（2）单击【确定】按钮，弹出【平面轮廓铣】对话框，如图 5 - 46 所示。

图 5 - 45　【创建工序】对话框

图 5 - 46　【平面轮廓铣】对话框

2. 选择加工几何

（1）在【几何体】组框单击【指定面边界】后的【选择或编辑面几何体】按钮 📦，弹出【部件边界】对话框，【模式】为"曲线/边"，【边界类型】为"开放"，【刀具侧】为"左"，选择如图 5 - 47 所示工件上的边线，单击【确定】按钮返回。

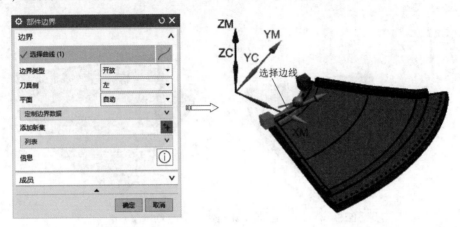

图 5 - 47　选择边线

（2）在【几何体】组框单击【指定底面】后的【选择或编辑底平面几何体】按钮 🖼️，弹出【平面】对话框，【类型】为"点和方向"，选择如图 5 - 48 所示的曲线和端点，【偏置】为"30"，单击【确定】按钮返回。

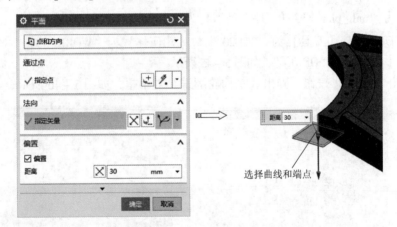

图 5 - 48　选择曲线和端点

3. 选择切削模式和设置切削用量

在【刀轨设置】组框中【切削深度】为"恒定"，【公共】为"7"，如图 5 - 49 所示。

4. 设置非切削移动

单击【刀轨设置】组框中的【非切削移动】按钮 🔳，弹出【非切削移动】对话框。

【进刀】选项卡：【进刀类型】为"圆弧"，【半径】为"50%"，其他参数设置如图 5 - 50 所示。

【退刀】选项卡：【退刀类型】为"与进刀相同"，其他参数设置如图 5 - 51 所示。

图 5 –49 设置刀轨参数

图 5 –50 【进刀】选项卡

图 5 –51 【退刀】选项卡

单击【非切削移动】对话框中的【确定】按钮，完成非切削参数设置。

5. 设置切削速度

单击【刀轨设置】组框中的【进给率和速度】按钮 ，弹出【进给率和速度】对话框。设置【主轴速度】为 300 r/min，进给率【切削】为"1 000"，单位为"毫米/分钟（mm/min）"，其他接受默认设置，如图 5 –52 所示。

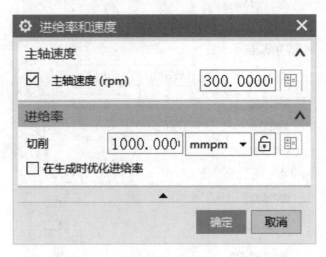

图 5 – 52 【进给率和速度】对话框

6. 生成刀具路径并验证

（1）单击该对话框底部【操作】组框中的【生成】按钮，可在操作对话框下生成刀具路径，如图 5 – 53 所示。

（2）单击【操作】组框中的【确认】按钮，弹出【刀轨可视化】对话框，然后选择【2D 动态】选项卡，单击【播放】按钮，可进行 2D 动态刀具切削过程模拟，如图 5 – 53 所示。

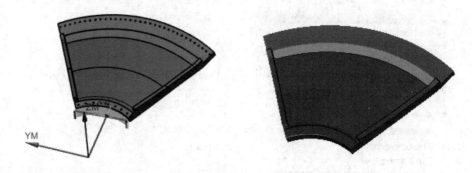

图 5 – 53 刀具路径和 2D 动态刀具切削过程模拟

（3）单击【确定】按钮，返回【平面轮廓铣】对话框，然后单击【确定】按钮，完成加工操作。

5.2.3.6 创建外锥面外圆弧平面轮廓铣削刀路

1. 复制创建工序

在【工序导航器】窗口选择"OP10_4"操作，单击鼠标右键，在弹出的快捷菜单中选择【复制】命令，选中"OP10_4"操作，单击鼠标右键，在弹出的快捷菜单中选择【粘贴】命令，粘贴工序并重命名为 OP10_5，如图 5 – 54 所示。

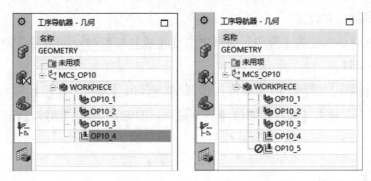

图 5-54　复制、粘贴工序

2. 选择加工几何

（1）在【几何体】组框单击【指定面边界】后的【选择或编辑面几何体】按钮 ，弹出【部件边界】对话框，【模式】为"曲线/边"，【边界类型】为"开放"，【刀具侧】为"右"，选择如图 5-55 所示工件上的边，单击【确定】按钮返回。

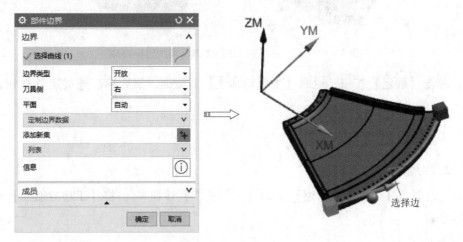

图 5-55　选择边

（2）在【几何体】组框单击【指定底面】后的【选择或编辑底平面几何体】按钮 ，弹出【平面】对话框，【类型】为"自动判断"，选择如图 5-56 所示的底面，【偏置】【距离】为"30"，单击【确定】按钮返回。

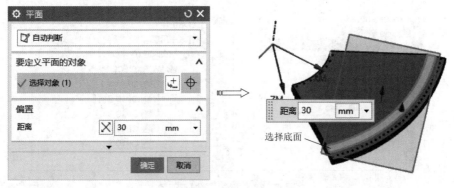

图 5-56　选择底面

3. 生成刀具路径并验证

（1）单击该对话框底部【操作】组框中的【生成】按钮![icon]，可在操作对话框下生成刀具路径，如图 5 - 57 所示。

（2）单击【操作】组框中的【确认】按钮![icon]，弹出【刀轨可视化】对话框，然后选择【2D 动态】选项卡，单击【播放】按钮 ▶，可进行 2D 动态刀具切削过程模拟，如图 5 - 57 所示。

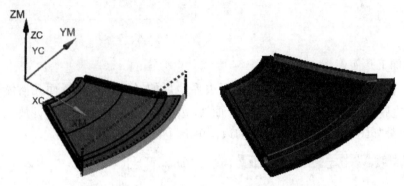

图 5 - 57　刀具路径和 2D 动态刀具切削过程模拟

（3）单击【确定】按钮，返回【平面轮廓铣】对话框，然后单击【确定】按钮，完成加工操作。

5.2.4　创建第二工位加工

5.2.4.1　创建加工几何组

单击上边框条【工序导航器组】上的【几何视图】按钮![icon]，将【工序导航器】切换到几何视图显示。

1. 复制创建几何

在【工序导航器】窗口选择"MCS_OP10"操作，单击鼠标右键，在弹出的快捷菜单中选择【复制】命令，选中"MCS_OP10"几何，单击鼠标右键，在弹出的快捷菜单中选择【粘贴】命令，粘贴工序并重命名为 MCS_OP20，如图 5 - 58 所示。

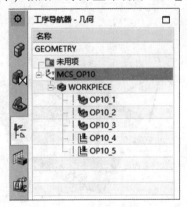

图 5 - 58　复制、粘贴工序

2. 调整用户坐标系 WCS

双击窗口中的 WCS 坐标系，拖动手柄绕 XC 轴旋转 180°，如图 5-59 所示。

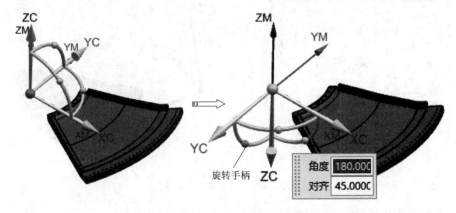

图 5-59　调整 WCS 方向

3. 创建加工坐标系和安全平面

（1）在【工序导航器】窗口中双击【MCS_OP20】图标 MCS，弹出【MCS 铣削】对话框，如图 5-60 所示。

图 5-60　【MCS 铣削】对话框

（2）设置加工坐标系原点。单击【机床坐标系】组框中的【CSYS】按钮，弹出【坐标系】对话框，在【参考坐标系】中【参考】选择"WCS"，如图 5-61 所示。单击【确定】按钮返回【MCS 铣削】对话框。

（3）设置安全平面。在【安全设置】组框中的【安全设置选项】下拉列表中选择【平面】选项，然后单击【平面】按钮，弹出【平面】对话框，选择零件表面并设置【距离】为"100 mm",单击【确定】按钮,完成安全平面设置,如图5-62所示。

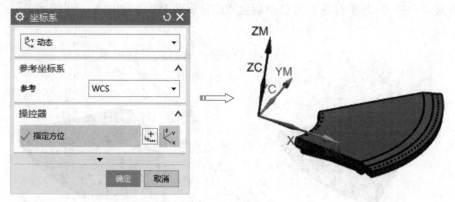

图5-61 设置加工坐标系

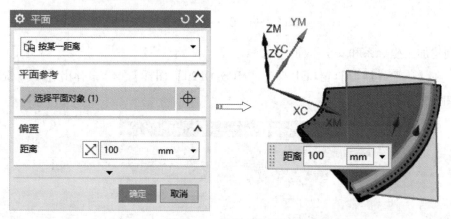

图5-62 设置安全平面

5.2.4.2 创建内锥面大端底壁铣削刀路

1. 修改工序名称

在【工序导航器】窗口中将工序名"OP10_1_COPY"修改为"OP20_1",如图5-63所示。

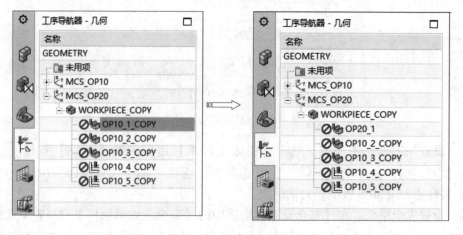

图5-63 重命名工序名

2. 选择切削区域

在【工序导航器】窗口中双击 OP20_1 操作，弹出【底壁铣】对话框，单击【几何体】组框中【指定切削区域】选项后的【选择或编辑切削区域】按钮，弹出【切削区域】对话框。在图形区选择如图 5-64 所示的 2 个平面作为切削区域，单击【确定】按钮完成。

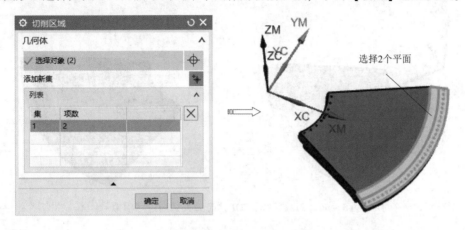

图 5-64　选择切削区域

3. 设置非切削参数

单击【刀轨设置】组框中的【非切削移动】按钮，弹出【非切削移动】对话框。

【起点/钻点】选项卡：【默认区域起点】为"中点"，单击【指定点】图标，选择图 5-65 所示的直线上的点作为起点。

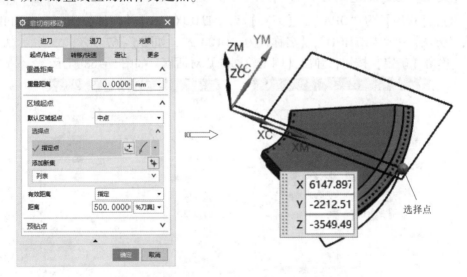

图 5-65　【起点/钻点】选项卡

单击【非切削移动】对话框中的【确定】按钮，完成非切削参数设置。

4. 生成刀具路径并验证

（1）单击该对话框底部【操作】组框中的【生成】按钮，可在操作对话框下生成刀具路径，如图 5-66 所示。

（2）单击【操作】组框中的【确认】按钮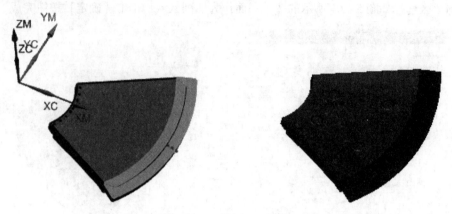，弹出【刀轨可视化】对话框，然后选择【2D 动态】选项卡，单击【播放】按钮▶，可进行 2D 动态刀具切削过程模拟，如图 5-66 所示。

图 5-66　刀具路径和 2D 动态刀具切削过程模拟

（3）单击【确定】按钮，返回【平面铣】对话框，然后单击【确定】按钮，完成加工操作。

5.2.4.3　创建内锥面中心位置固定轴轮廓铣削刀路

1. 创建工序

（1）单击【主页】选项卡【插入】组中的【创建工序】按钮，弹出【创建工序】对话框。【类型】为"mill_contour"，【工序子类型】为第 2 行第 2 个图标 （FIXED_CONTOUR)，【程序】为"OP20"，【刀具】为"T1D200"，【几何体】为"WORKPIECE_COPY"，【方法】为"METHOD"，【名称】为"OP20_2"，如图 5-67 所示。

（2）单击【确定】按钮，弹出【固定轮廓铣】对话框，如图 5-68 所示。

图 5-67　【创建工序】对话框

图 5-68　【固定轮廓铣】对话框

2. 选择切削区域

单击【几何体】组框中【指定切削区域】选项后的【选择或编辑切削区域】按钮，
弹出【切削区域】对话框。在图形区选择如图 5-69 所示的 1 个曲面作为切削区域，单击
【确定】按钮完成。

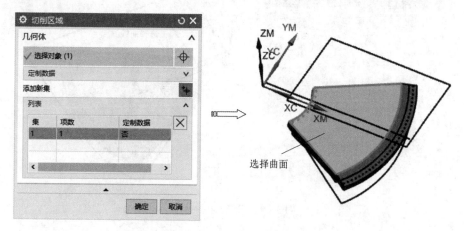

图 5-69　选择切削区域

3. 选择驱动方法并设置驱动参数

（1）在【驱动方式】组框中的【方法】下拉列表中选取"边界"，弹出【边界驱动方
法】对话框，设置【切削模式】为"轮廓"，【切削方向】为"顺铣"，【步距】为"刀具
平直"，其他设置如图 5-70 所示。

图 5-70　选择切削区域

（2）单击【选择或编辑驱动几何体】按钮 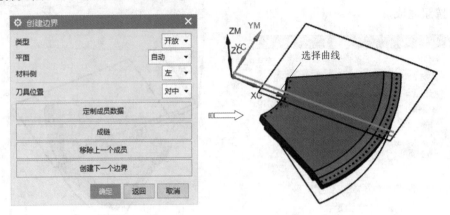，弹出【边界几何体】对话框，【模式】为"曲线/边"，接着弹出【创建边界】对话框，【类型】为"开放"，【刀具位置】为"对中"，选择如图 5-71 所示的 1 条曲线。

图 5-71　选择边界曲线

（3）单击【确定】按钮，完成驱动方法设置，返回【固定轮廓铣】对话框。

4. 设置切削参数

单击【刀轨设置】组框中的【切削参数】按钮 ，弹出【切削参数】对话框，设置切削加工参数。

【策略】选项卡：【切削方向】为"顺铣"，选中【在边上延伸】选项，【距离】为"55% 刀具"，其他接受默认设置，如图 5-72 所示。

【多刀路】选项卡：【部件余量偏置】为"30"，【增量】为"7"，如图 5-73 所示。

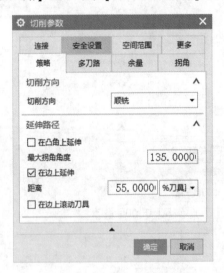

图 5-72　【策略】选项卡

图 5-73　【多刀路】选项卡

单击【切削参数】对话框中的【确定】按钮，完成切削参数设置。

5. 设置进给参数

单击【刀轨设置】组框中的【进给率和速度】按钮 ，弹出【进给率和速度】对话框。

设置【主轴速度】为 300 r/min，进给率【切削】为"1 000"，单位为"毫米/分钟（mm/min)"，其他接受默认设置，如图 5-74 所示。

图 5-74 【进给率和速度】对话框

6. 生成刀具路径并验证

(1) 在【工序】对话框中完成参数设置后，单击该对话框底部【操作】组框中的【生成】按钮📰，可生成该操作的刀具路径，如图 5-75 所示。

(2) 单击【工序】对话框底部【操作】组框中的【确认】按钮📰，弹出【刀轨可视化】对话框，然后选择【2D 动态】选项卡，单击【播放】按钮▶，可进行 2D 动态刀具切削过程模拟，如图 5-75 所示。

图 5-75 生成刀具路径和 2D 动态刀具切削过程模拟

(3) 单击【固定轮廓铣】对话框中的【确定】按钮，接受刀具路径，并关闭【固定轮廓铣】对话框。

5.2.4.4 创建结合面底壁铣削刀路

1. 重命名工序

在【工序导航器】窗口中将工序"OP10_2_COPY"修改为"OP20_3"，如图 5-76 所示。

2. 选择切削区域

单击【几何体】组框【指定切削区域】选项后的【选择或编辑切削区域】按钮📰，弹

出【切削区域】对话框。在图形区选择如图 5 – 77 所示的 1 个曲面作为切削区域，单击
【确定】按钮完成。

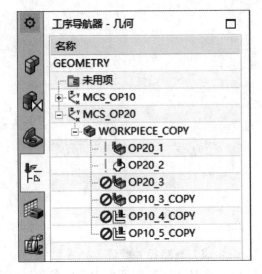

图 5 – 76　重命名工序

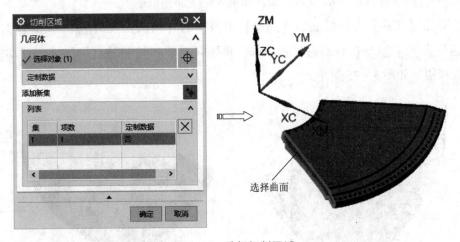

图 5 – 77　选择切削区域

3. 选择切削模式和设置切削用量

在【刀轨设置】组框中【切削模式】为"跟随周边"，【步距】为"恒定"，【最大距离】为"50"，【底面毛坯厚度】为"30"，【每刀切削深度】为"7"，如图 5 – 78
所示。

4. 设置非切削参数

单击【刀轨设置】组框中的【非切削移动】按钮 ⊞ ，弹出【非切削移动】对话框。

【起点/钻点】选项卡：【默认区域起点】为"中点"，单击【指定点】图标，选择
图 5 – 79 所示的点作为起点。

图 5-78 设置刀轨参数

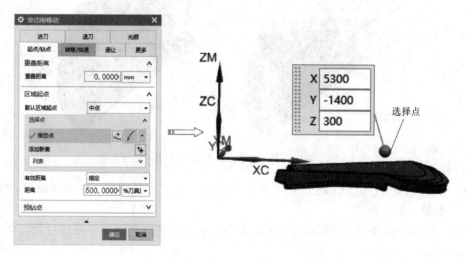

图 5-79 【起点/钻点】选项卡

【转移/快速】选项卡：【安全设置选项】为"平面"，选择如图 5-80 所示的平面，【距离】为"100"。

单击【非切削移动】对话框中的【确定】按钮，完成非切削参数设置。

5. 生成刀具路径并验证

（1）在【工序】对话框中完成参数设置后，单击该对话框底部【操作】组框中的【生成】按钮 ，可生成该操作的刀具路径，如图 5-81 所示。

（2）单击【工序】对话框底部【操作】组框中的【确认】按钮 ，弹出【刀轨可视化】对话框，然后选择【2D 动态】选项卡，单击【播放】按钮 ，可进行 2D 动态刀具切削过程模拟，如图 5-81 所示。

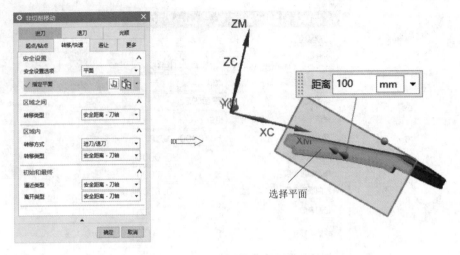

图 5 – 80　设置安全平面

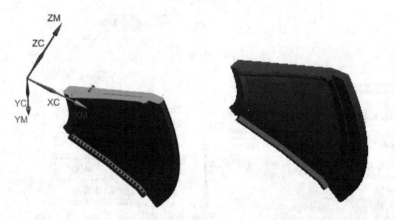

图 5 – 81　生成刀具路径和 2D 动态工具切削过程模拟

（3）单击【底壁铣】对话框中的【确定】按钮，接受刀具路径，并关闭该对话框。

6. 铣削另一侧结合面

复制上述结合面铣削刀路创建 OP20_4 操作，重复上述结合面加工操作过程，创建另一侧结合面的加工，如图 5 – 82 所示。

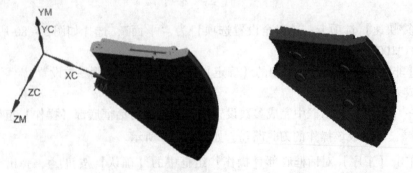

图 5 – 82　生成刀具路径和实体切削验证

删除 MCS_OP20 几何中的多余操作，如图 5 – 83 所示。

图 5 – 83　删除多余操作

5.2.4.5　钻结合面 24 个定位孔

1. 创建定心钻工序

（1）单击【主页】选项卡【插入】组中的【创建工序】按钮 ，弹出【创建工序】对话框。在【类型】下拉列表中选择"hole_making"，【操作子类型】选择第 1 行第 1 个图标 （SPOT_DRILLING），【名称】为"OP20_5"，如图 5 – 84 所示。

（2）单击【确定】按钮，弹出【定心钻】对话框，如图 5 – 85 所示。

图 5 – 84　【创建工序】对话框　　　　　图 5 – 85　【定心钻】对话框

2. 创建加工几何

单击【几何体】组框中【指定特征几何体】选项后的【选择或编辑特征几何体】按钮，弹出【特征几何体】对话框，【深度】为"3"，选择端面上的24个孔，如图5-86所示。

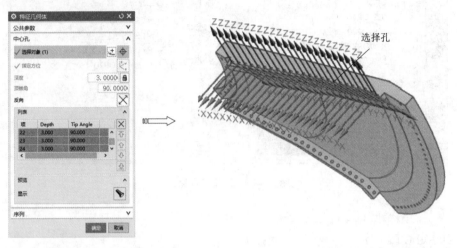

图5-86 选择孔

3. 设置非切削参数

单击【刀轨设置】组框中的【非切削移动】按钮，弹出【非切削移动】对话框。

【转移/快速】选项卡：【安全设置选项】为"平面"，选择如图5-87所示的平面，【距离】为"100"。

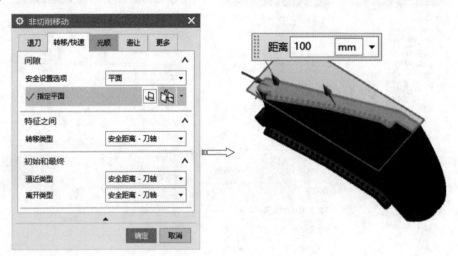

图5-87 设置安全平面

单击【非切削移动】对话框中的【确定】按钮，完成非切削参数设置。

4. 设置进给率和速度

单击【刀轨设置】组框中的【进给率和速度】按钮，弹出【进给率和速度】对话框。设置【主轴速度】为300 r/min，进给率【切削】为"60"，单位为"毫米/分钟

（mm/min）"，其他接受默认设置，如图 5 – 88 所示。

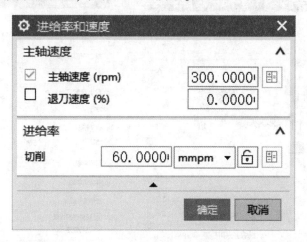

图 5 – 88 【进给率和速度】对话框

5. 生成刀具路径并验证

（1）在【工序】对话框中完成参数设置后，单击该对话框底部【操作】组框中的【生成】按钮 ，可生成该操作的刀具路径，如图 5 – 89 所示。

（2）单击【工序】对话框底部【操作】组框中的【确认】按钮 ，弹出【刀轨可视化】对话框，然后选择【2D 动态】选项卡，单击【播放】按钮 ，可进行 2D 动态刀具切削过程模拟，如图 5 – 90 所示。

图 5 – 89 生成刀具路径和 2D 动态刀具切削过程模拟

（3）单击【定心钻】对话框中的【确定】按钮，接受刀具路径并关闭该对话框。

5. 2. 4. 6 钻结合面 24 个孔

1. 创建钻孔工序

（1）单击【主页】选项卡【插入】组中的【创建工序】按钮 ，弹出【创建工序】对话框。在【类型】下拉列表中选择 "hole_making"，【操作子类型】选择第 1 行第 2 个图标 （DRILLING），【名称】为 "OP20_6"，如图 5 – 90 所示。

（2）单击【确定】按钮，弹出【钻孔】对话框，如图 5 – 91 所示。

图 5-90 【创建工序】对话框

图 5-91 【钻孔】对话框

2. 创建加工几何

单击【几何体】组框中【指定特征几何体】选项后的【选择或编辑特征几何体】按钮，弹出【特征几何体】对话框，【深度】为 "3"，选择端面上的 24 个孔，如图 5-92 所示。

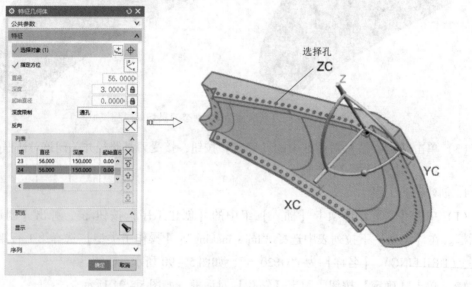

图 5-92 选择孔

3. 设置非切削参数

单击【刀轨设置】组框中的【非切削移动】按钮 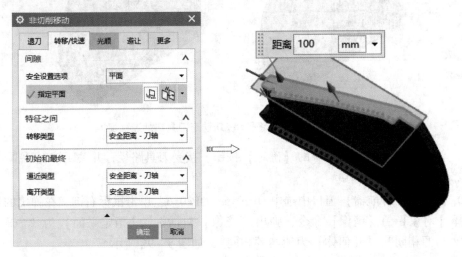，弹出【非切削移动】对话框。

【转移/快速】选项卡：【安全设置选项】为"平面"，选择如图 5 - 93 所示的平面，【距离】为"100"。

图 5 - 93　设置安全平面

单击【非切削移动】对话框中的【确定】按钮，完成非切削参数设置。

4. 设置进给率和速度

单击【刀轨设置】组框中的【进给率和速度】按钮 ，弹出【进给率和速度】对话框。设置【主轴速度】为 100 r/min，【切削】为"30"，单位为"毫米/分钟（mm/min）"，其他接受默认设置，如图 5 - 94 所示。

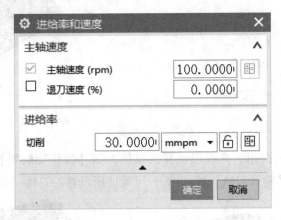

图 5 - 94　【进给率和速度】对话框

5. 生成刀具路径并验证

（1）在【工序】对话框中完成参数设置后，单击该对话框底部【操作】组框中的【生成】按钮 ，可生成该操作的刀具路径，如图 5 - 95 所示。

（2）单击【工序】对话框底部【操作】组框中的【确认】按钮 ，弹出【刀轨可视

化】对话框，然后选择【2D 动态】选项卡，单击【播放】按钮 ▶，可进行 2D 动态刀具
切削过程模拟，如图 5 - 95 所示。

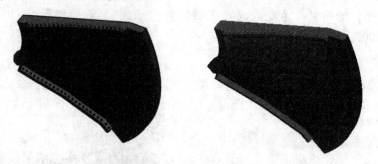

图 5 - 95　生成刀具路径和 2D 动态刀具切削过程模拟

（3）单击【钻孔】对话框中的【确定】按钮，接受刀具路径，并关闭该对话框。

5.2.4.7　镜像复制刀轨

（1）在【工序导航器】窗口中选中 OP20_5、OP20_6，单击鼠标右键，在弹出的快捷菜
单中选择【对象】→【镜像】命令，弹出【镜像】对话框，【指定平面】为 "YC"，【程
序】为 "与源相同"，【几何体】为 "与源相同"，如图 5 - 96 所示。

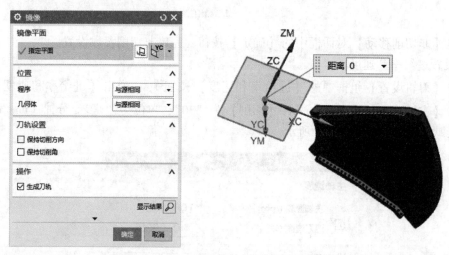

图 5 - 96　镜像选项

（2）单击【确定】按钮，完成刀轨变换操作，在【操作导航器】中选中所有的操作，
单击【工序】组上的【确认刀轨】按钮 ，可验证所设置的刀轨，如图 5 - 97 所示。

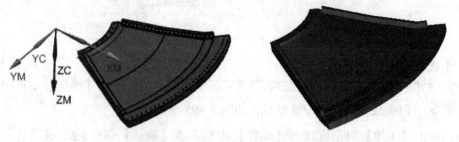

图 5 - 97　镜像刀轨和切削验证

5.2.5　创建第三工位加工

5.2.5.1　创建加工几何组

单击上边框条【工序导航器组】上的【几何视图】按钮 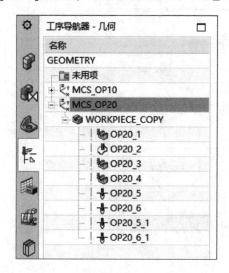，将【工序导航器】切换到几何视图显示。

1. 复制几何

在【工序导航器 - 几何】窗口选择"MCS_OP20"操作，单击鼠标右键，在弹出的快捷菜单中选择【复制】命令，选中"MCS_OP20"几何，单击鼠标右键，在弹出的快捷菜单中选择【粘贴】命令，粘贴并重命名为 MCS_OP30，如图 5 - 98 所示。

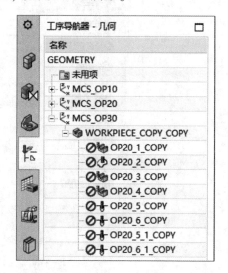

图 5 - 98　复制、粘贴几何

2. 调整用户坐标系 WCS

双击窗口中的 WCS 坐标系，调整 XC 轴沿着如图 5 - 99 所示的直线方向，将坐标原点放置到交点处。

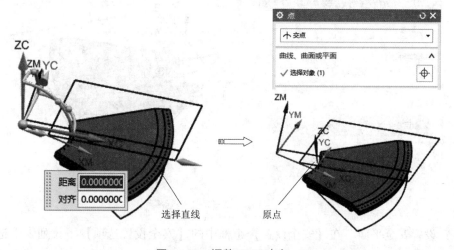

图 5 - 99　调整 WCS 方向

3. 创建加工坐标系和安全平面

（1）在【工序导航器】窗口双击【MCS_OP30】图标 MCS，弹出【MCS 铣削】对话框，如图 5 – 100 所示。

图 5 – 100 【MCS 铣削】对话框

（2）设置加工坐标系原点。单击【机床坐标系】组框中的【CSYS】按钮 ，弹出【坐标系】对话框，在【参考坐标系】中选择"WCS"，如图 5 – 101 所示。单击【确定】按钮返回【MCS 铣削】对话框。

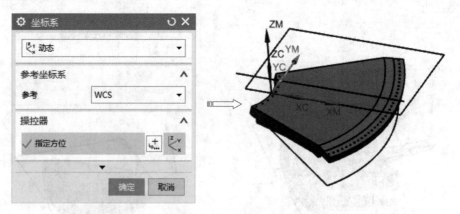

图 5 – 101　设置加工坐标系

（3）设置安全平面。在【安全设置】组框中的【安全设置选项】下拉列表中选择【平面】选项，然后单击【平面】按钮 ，弹出【平面】对话框，选择 XC – YC 平面设置【距离】为 220 mm，单击【确定】按钮，完成安全平面设置，如图 5 – 102 所示。

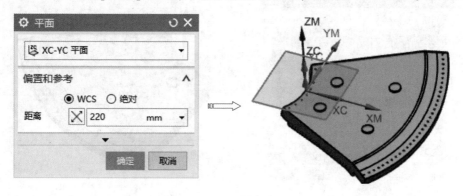

图 5 – 102　设置安全平面

5.2.5.2　创建内锥面冒口曲面轮廓铣削刀路

1. 修改工序名

在【工序导航器】窗口选择"OP20_2"操作，单击鼠标右键，在弹出的快捷菜单中选择【重命名】命令，重命名为 OP30_1，删除多余操作，如图 5 – 103 所示。

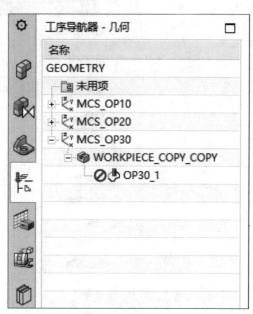

图 5 – 103　编辑工序名

2. 选择切削区域

单击【几何体】组框中【指定切削区域】选项后的【选择或编辑切削区域】按钮 ，弹出【切削区域】对话框。在图形区选择如图 5 – 104 所示工件上的 1 个曲面作为切削区域，单击【确定】按钮完成。

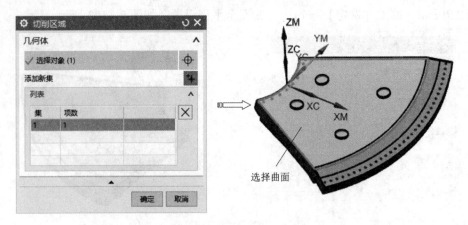

图 5 – 104　选择切削区域

3. 选择驱动方法并设置驱动参数

（1）在【驱动方式】组框中的【方法】下拉列表中选取"边界"，弹出【边界驱动方法】对话框，如图 5 – 105 所示。

图 5 – 105　【边界驱动方法】对话框

（2）单击【选择或编辑驱动几何体】按钮 ，弹出【边界几何体】对话框，【模式】为"曲线/边"，接着弹出【创建边界】对话框，【类型】为"封闭"，【材料侧】为"外侧"，选择如图 5 – 106 所示毛坯下端圆，单击【确定】按钮。

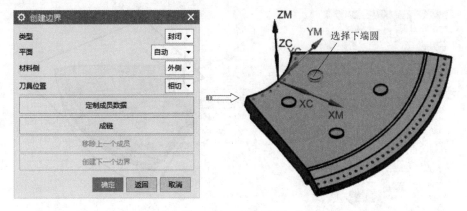

图 5 – 106　选择边界

（3）再次单击【选择或编辑驱动几何体】按钮 ，弹出【编辑边界】对话框，【余量】为"– 150"，如图 5 – 107 所示，单击【确定】按钮完成。

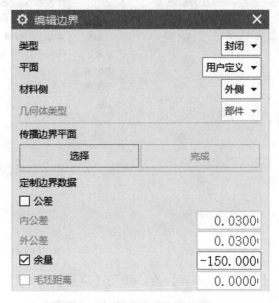

图 5 – 107　【编辑边界】对话框

（4）【切削模式】为"同心单向"，【刀路中心】为"指定"，在图形区选择如图 5 – 108 所示的直线端点，【刀路方向】为"向内"。

（5）单击【确定】按钮，完成驱动方法设置，返回【固定轮廓铣】对话框。

4. 设置切削参数

单击【刀轨设置】组框中的【切削参数】按钮 ，弹出【切削参数】对话框，设置切削加工参数。

【策略】选项卡：【切削方向】为"逆铣"，【刀路方向】为"向内"，其他接受默认设置，如图 5 – 109 所示。

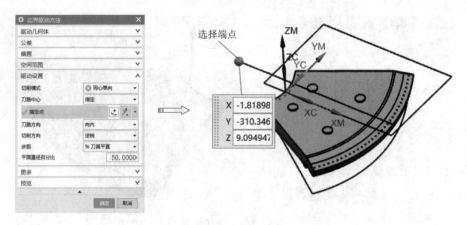

图 5 - 108 选择刀路中心

【余量】选项卡:【部件余量】为"30",如图 5 - 110 所示。

图 5 - 109 【策略】选项卡   图 5 - 110 【余量】选项卡

【多刀路】选项卡:【部件余量偏置】为"80",【增量】为"7",如图 5 - 111 所示。

图 5 - 111 【多刀路】选项卡

单击【切削参数】对话框中的【确定】按钮，完成切削参数设置。

5. 生成刀具路径并验证

（1）在【工序】对话框中完成参数设置后，单击该对话框底部【操作】组框中的【生成】按钮 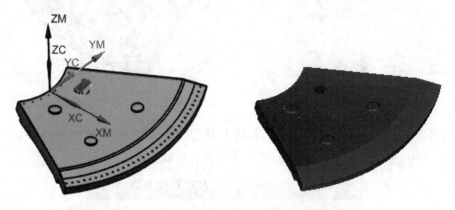，可生成该操作的刀具路径，如图 5 - 112 所示。

（2）单击【工序】对话框底部【操作】组框中的【确认】按钮 ，弹出【刀轨可视化】对话框，然后选择【2D 动态】选项卡，单击【播放】按钮 ▶，可进行 2D 动态刀具切削过程模拟，如图 5 - 112 所示。

图 5 - 112　生成刀具路径和 2D 动态刀具切削过程模拟

（3）单击【固定轮廓铣】对话框中的【确定】按钮，接受刀具路径，并关闭【固定轮廓铣】对话框。

6. 创建另一个冒口铣削刀路

（1）在【工序导航器】窗口选择"OP30_1"操作，单击鼠标右键，在弹出的快捷菜单中选择【复制】命令，选中"OP30_1"操作，单击鼠标右键，在弹出的快捷菜单中选择【粘贴】命令，粘贴工序并重命名为 OP30_2，如图 5 - 113 所示。

图 5 - 113　复制、粘贴工序

（1）在【驱动方式】组框中的【方法】下拉列表中选取"边界"，弹出【边界驱动方法】对话框，单击【选择或编辑驱动几何体】按钮 ，弹出【边界几何体】对话框，【模式】为"曲线/边",接着弹出【创建边界】对话框,【类型】为"封闭",【材料侧】为"外侧",选择如图 5 – 114 所示毛坯下端圆,单击【确定】按钮。

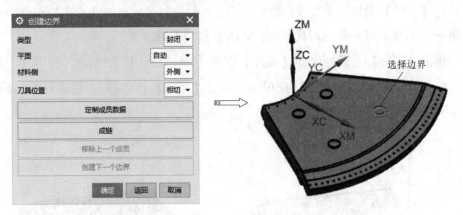

图 5 – 114　选择边界

（3）再次单击【选择或编辑驱动几何体】按钮，弹出【编辑边界】对话框，【余量】为" – 150"，如图 5 – 115 所示，单击【确定】按钮完成。

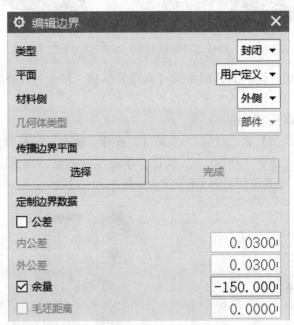

图 5 – 115　【编辑边界】对话框

（4）在【工序】对话框中完成参数设置后，单击该对话框底部【操作】组框中的【生成】按钮，可生成该操作的刀具路径；单击【工序】对话框底部【操作】组框中的【确认】按钮，弹出【刀轨可视化】对话框，然后选择【2D 动态】选项卡，单击【播放】按钮，可进行 2D 动态刀具切削过程模拟，如图 5 – 116 所示。

（5）单击【固定轮廓铣】对话框中的【确定】按钮，接受刀具路径，并关闭【固定轮廓铣】对话框。

图 5 – 116　生成刀具路径和 2D 动态刀具切削过程模拟

7. 镜像复制刀轨

（1）在【工序导航器】窗口中选中 OP30_1、OP30_2，单击鼠标右键，在弹出的快捷菜单中选择【对象】→【镜像】命令，弹出【镜像】对话框，【指定平面】为"YC"，【程序】为"OP30"，【几何体】为"WORKPIECE_COPY_COPY"，如图 5 – 117 所示。

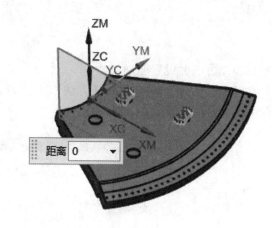

图 5 – 117　镜像选项

（2）单击【变换】对话框中的【确定】按钮，完成刀轨变换操作；在【操作导航器】中选中所有的操作，单击【操作】工具栏上的【确认刀轨】按钮，可验证所设置的刀轨，如图 5 – 118 所示。

图 5 – 118　生成刀具路径和切削验证

5.2.5.3 创建内锥面曲面轮廓铣削粗加工刀路

1. 复制创建工序

在【工序导航器 - 几何】窗口选择"OP30_1"操作，单击鼠标右键，在弹出的快捷菜单中选择【复制】命令，选中"OP30_1"操作，单击鼠标右键，在弹出的快捷菜单中选择【粘贴】命令，粘贴工序并重命名为 OP30_3，如图 5-119 所示。

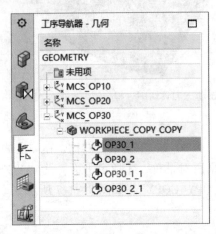

图 5-119　复制、粘贴工序

2. 选择驱动方法并设置驱动参数

（1）在【驱动方式】组框中的【方法】下拉列表中选取"区域铣削"，弹出【区域铣削驱动方法】对话框，如图 5-120 所示。

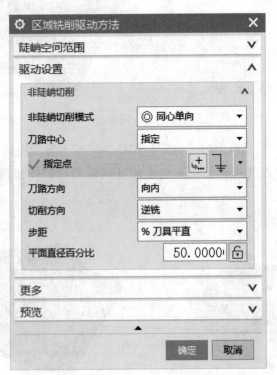

图 5-120　【区域铣削驱动方法】对话框

（2）单击【确定】按钮，完成驱动方法设置，返回【固定轮廓铣】对话框。

3. 指定修剪边界

单击【几何体】组框中【指定修剪边界】后的【选择或编辑修剪边界】按钮 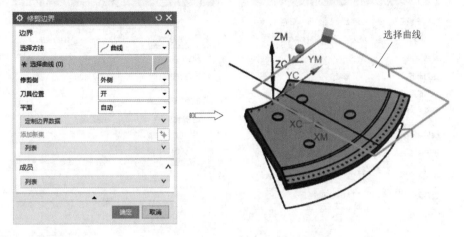，弹出【修剪边界】对话框，在【选择方法】中选择"曲线"，【修剪侧】为"外侧"，在图形区选择在图层30上如图5－121所示的曲线作为修剪边界，单击【确定】按钮完成。

图5－121　选择修剪边界

4. 设置切削参数

单击【刀轨设置】组框中的【切削参数】按钮，弹出【切削参数】对话框，设置切削加工参数。

【余量】选项卡：【部件余量】为"1"，其他接受默认设置，如图5－122所示。

【多刀路】选项卡：【部件余量偏置】为"30"，【增量】为"7"，如图5－123所示。

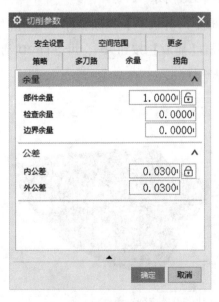

图5－122　【余量】选项卡

图5－123　【多刀路】选项卡

单击【切削参数】对话框中的【确定】按钮，完成切削参数设置。

5. 设置非切削参数

单击【刀轨设置】组框中的【非切削移动】按钮，弹出【非切削移动】对话框。

【进刀】选项卡：【进刀类型】为"插削"，【高度】为"60"，如图5-124所示。

【退刀】选项卡：【退刀类型】为"与进刀相同"，如图5-125所示。

图5-124 【进刀】选项卡　　　　　　图5-125 【退刀】选项卡

单击【非切削移动】对话框中的【确定】按钮，完成非切削参数设置。

6. 生成刀具路径并验证

（1）在【工序】对话框中完成参数设置后，单击该对话框底部【操作】组框中的【生成】按钮，可生成该操作的刀具路径，如图5-126所示。

（2）单击【工序】对话框底部【操作】组框中的【确认】按钮，弹出【刀轨可视化】对话框，然后选择【2D动态】选项卡，单击【播放】按钮，可进行2D动态刀具切削过程模拟，如图5-126所示。

图5-126 生成刀具路径和2D动态刀具切削过程模拟

（3）单击【固定轮廓铣】对话框中的【确定】按钮，接受刀具路径，并关闭【固定轮廓铣】对话框。

7. 镜像复制刀轨

（1）在【工序导航器】窗口中选中 OP30_3，单击鼠标右键，在弹出的快捷菜单中选择【对象】→【镜像】命令，弹出【镜像】对话框，【指定平面】为 "YC"，【程序】为"OP30"，【几何体】为 "WORKPIECE_COPY_COPY"，如图 5 – 127 所示。

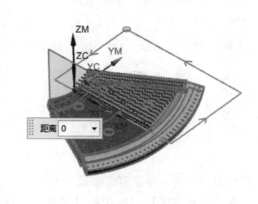

图 5 – 127　镜像参数

（2）单击【变换】对话框中的【确定】按钮，完成刀轨变换操作；在【操作导航器】中选中所有的操作，单击【操作】工具栏上的【确认刀轨】按钮 <img>，可验证所设置的刀轨，如图 5 – 128 所示。

图 5 – 128　刀具路径和切削验证

5.2.5.4　创建内锥面曲面轮廓铣削精加工刀路

1. 复制创建工序

在【工序导航器】窗口选择 "OP30_3" 操作，单击鼠标右键，在弹出的快捷菜单中选择【复制】命令，选中 "OP30_3" 操作，单击鼠标右键，在弹出的快捷菜单中选择【粘贴】命令，粘贴工序并重命名为 OP30_4，如图 5 – 129 所示。

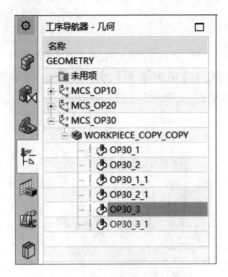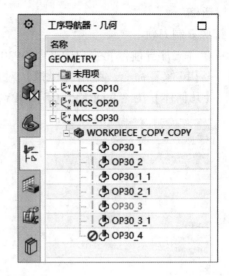

图 5-129　复制创建工序

2. 选择驱动方法并设置驱动参数

（1）在【驱动方式】组框中的【方法】下拉列表中选取"区域铣削"，弹出【区域铣削驱动方法】对话框，如图 5-130 所示。

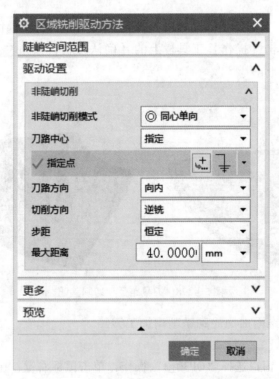

图 5-130　选择区域铣削驱动方法

（2）单击【确定】按钮，完成驱动方法设置，返回【固定轮廓铣】对话框。

3. 更换切削刀具

在【刀具】列表中选择"T4D315"，如图 5-131 所示。

图 5 – 131　更换切削刀具

4. 设置切削参数

单击【刀轨设置】组框中的【切削参数】按钮，弹出【切削参数】对话框，设置切削加工参数。

【余量】选项卡：【部件余量】为 "0"，其他接受默认设置，如图 5 – 132 所示。

【多刀路】选项卡：【部件余量偏置】为 "0"，如图 5 – 133 所示。

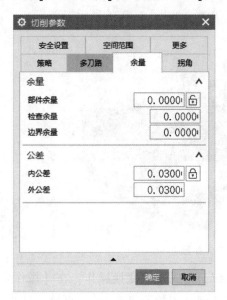

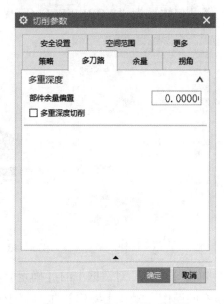

图 5 – 132　【余量】选项卡　　　　图 5 – 133　【多刀路】选项卡

单击【切削参数】对话框中的【确定】按钮，完成切削参数设置。

5. 生成刀具路径并验证

（1）在【工序】对话框中完成参数设置后，单击该对话框底部【操作】组框中的【生成】按钮，可生成该操作的刀具路径，如图 5 – 134 所示。

（2）单击【工序】对话框底部【操作】组框中的【确认】按钮，弹出【刀轨可视化】对话框，然后选择【2D 动态】选项卡，单击【播放】按钮，可进行 2D 动态刀具切削过程模拟，如图 5 – 134 所示。

图 5 – 134   生成刀具路径和 2D 动态刀具切削过程模拟

（3）单击【固定轮廓铣】对话框中的【确定】按钮，接受刀具路径，并关闭【固定轮廓铣】对话框。

6. 镜像复制刀轨

（1）在【工序导航器】窗口中选中 OP30_4，单击鼠标右键，在弹出的快捷菜单中选择【对象】→【镜像】命令，弹出【镜像】对话框，【指定平面】为"YC"，【程序】为"OP30"，【几何体】为"WORKPIECE_COPY_COPY"，如图 5 – 135 所示。

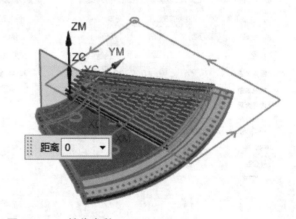

图 5 – 135   镜像参数

（2）单击【变换】对话框中的【确定】按钮，完成刀轨变换操作；在【操作导航器】中选中所有的操作，单击【操作】工具栏上的【确认刀轨】按钮，可验证所设置的刀轨，如图 5 – 136 所示。

图 5 – 136   刀具路径和切削验证

5.2.6 创建第四工位加工

5.2.6.1 创建加工几何组

单击上边框条【工序导航器组】上的【几何视图】按钮 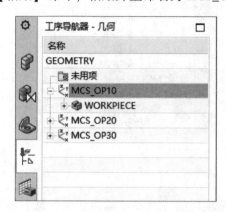，将【工序导航器】切换到几何视图显示。

1. 复制加工几何

在【工序导航器 – 几何】窗口选择"MCS_OP10"操作，单击鼠标右键，在弹出的快捷菜单中选择【复制】命令，选中"MCS_OP10"几何，单击鼠标右键，在弹出的快捷菜单中选择【粘贴】命令，粘贴并重命名为 MCS_OP40，如图 5 – 137 所示。

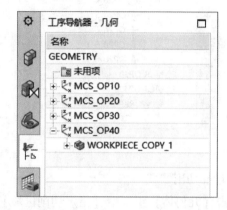

图 5 – 137   复制、粘贴几何

2. 调整用户坐标系 WCS

双击窗口中的 WCS 坐标系，将 XC 轴调整为沿直线方向，将 ZC 轴调整为如图 5 – 138 所示的平面法线。

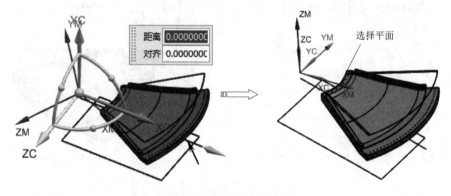

图 5 – 138   调整 WCS 方向

5.2.6.2 创建外锥面侧壁曲面轮廓铣削加工刀路

1. 复制创建工序

删除 WORKPIECE_COPY_1 节点下的所有操作，在【工序导航器 – 几何】窗口选择"OP20_2"操作，单击鼠标右键，在弹出的快捷菜单中选择【复制】命令，选中"OP30_2"操作，单击鼠标右键，在弹出的快捷菜单中选择【粘贴】命令，粘贴工序并重命名为

OP40_1，如图 5 - 139 所示。

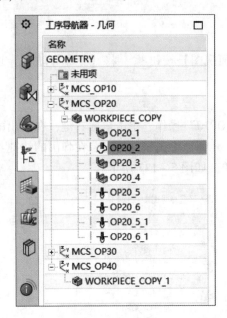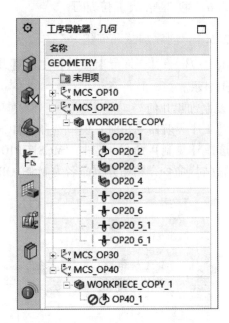

图 5 - 139　复制、粘贴工序

2. 选择切削区域

单击【几何体】组框中【指定切削区域】选项后的【选择或编辑切削区域】按钮，弹出【切削区域】对话框。在图形区选择如图 5 - 140 所示的 6 个曲面作为切削区域，单击【确定】按钮完成。

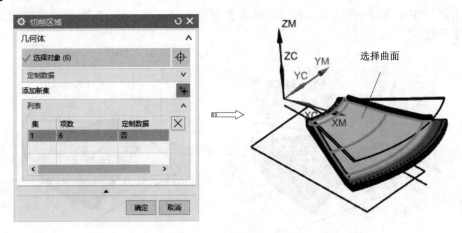

图 5 - 140　选择切削区域

3. 选择驱动方法并设置驱动参数

（1）在【驱动方式】组框中的【方法】下拉列表中选取"边界"，弹出【边界驱动方法】对话框，设置【切削模式】为"轮廓"，【切削方向】为"顺铣"，【步距】为"刀具平直 50%"，如图 5 - 141 所示。

图 5 -141 选择切削区域

（2）单击【选择或编辑驱动几何体】按钮 <img>，弹出【边界几何体】对话框，【模式】为"曲线/边"，接着弹出【创建边界】对话框，【类型】为"开放"，【刀具位置】为"对中"，选择如图 5 - 142 所示。

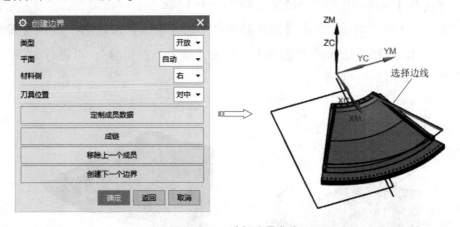

图 5 -142 选择边界曲线

（3）单击【确定】按钮，完成驱动方法设置，返回【固定轮廓铣】对话框。

4. 设置切削参数

单击【刀轨设置】组框中的【切削参数】按钮 <img>，弹出【切削参数】对话框，设置切削加工参数。

【多刀路】选项卡:【部件余量偏置】为"200",【增量】为"7",如图5-143所示。

图5-143 【多刀路】选项卡

单击【切削参数】对话框中的【确定】按钮,完成切削参数设置。

5. 生成刀具路径并验证

(1) 在【工序】对话框中完成参数设置后,单击该对话框底部【操作】组框中的【生成】按钮🖝,可生成该操作的刀具路径,如图5-144所示。

(2) 单击【工序】对话框底部【操作】组框中的【确认】按钮🖼,弹出【刀轨可视化】对话框,然后选择【2D动态】选项卡,单击【播放】按钮▶,可进行2D动态刀具切削过程模拟,如图5-144所示。

图5-144 生成刀具路径和2D动态刀具切削过程模拟

(3) 单击【固定轮廓铣】对话框中的【确定】按钮,接受刀具路径,并关闭【固定轮廓铣】对话框。

6. 镜像复制刀轨

（1）在【工序导航器】窗口中选中 OP40_1，单击鼠标右键，在弹出的快捷菜单中选择
【对象】→【镜像】命令，弹出【镜像】对话框，【指定平面】为"YC"，【程序】为
"OP40"，【几何体】为"WORKPIECE_COPY_1"，如图 5 – 145 所示。

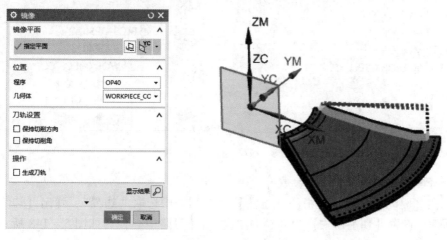

图 5 – 145　镜像参数

（2）单击【变换】对话框中的【确定】按钮，完成刀轨变换操作；在【操作导航器】
中选中所有的操作，单击【操作】工具栏上的【确认刀轨】按钮 ，可验证所设置的刀
轨，如图 5 – 146 所示。

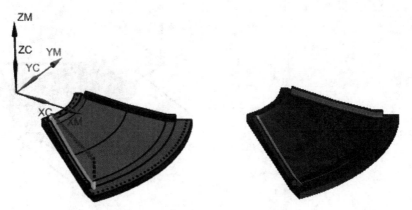

图 5 – 146　刀具路径和切削验证

5.2.6.3　创建外锥面曲面轮廓铣削加工刀路

7. 复制创建工序

在【工序导航器】窗口选择"OP40_1"操作，单击鼠标右键，在弹出的快捷菜单中选
择【复制】命令，选中"OP40_1"操作，单击鼠标右键，在弹出的快捷菜单中选择【粘
贴】命令，粘贴工序并重命名为 OP40_2，如图 5 – 147 所示。

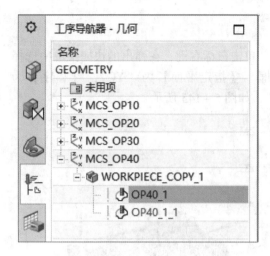

图 5 - 147　复制粘贴工序

8. 选择驱动方法并设置驱动参数

（1）在【驱动方式】组框中的【方法】下拉列表中选取"边界"，弹出【边界驱动方法】对话框，设置【切削模式】为"径向单向"，【刀路中心】为如图 5 - 148 所示的圆弧圆心，【步距】为"恒定"，【最大距离】为 50 mm。

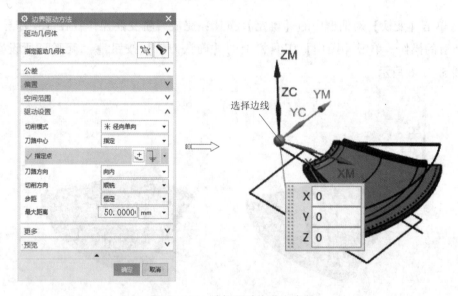

图 5 - 148　选择驱动方法和参数

（2）单击【选择或编辑驱动几何体】按钮，弹出【边界几何体】对话框，【模式】为"曲线/边"，接着弹出【创建边界】对话框，【类型】为"封闭"，【刀具位置】为"相切"，选择如图 5 - 149 所示的 4 条曲线。

（3）单击【确定】按钮，完成驱动方法设置，返回【固定轮廓铣】对话框。

9. 设置切削参数

单击【刀轨设置】组框中的【切削参数】按钮，弹出【切削参数】对话框，设置切削加工参数。

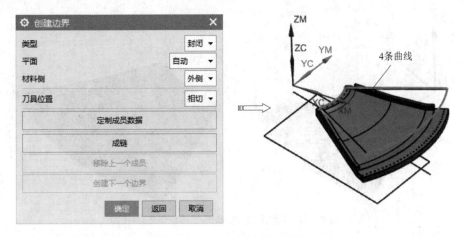

图 5-149　选择边界曲线

【余量】选项卡：【部件余量】为"0"，如图 5-150 所示。

【多刀路】选项卡：【部件余量偏置】为"30"，【增量】为"7"，如图 5-151 所示。

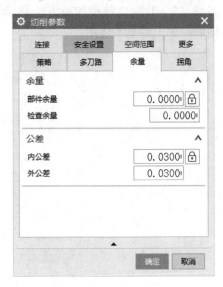

图 5-150　【余量】选项卡

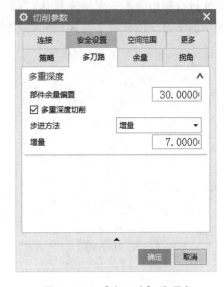

图 5-151　【多刀路】选项卡

单击【切削参数】对话框中的【确定】按钮，完成切削参数设置。

10. 生成刀具路径并验证

(1) 单击该对话框底部【操作】组框中的【生成】按钮，可在操作对话框下生成刀具路径，如图 5-152 所示。

(2) 单击【操作】组框中的【确认】按钮，弹出【刀轨可视化】对话框，然后选择【2D 动态】选项卡，单击【播放】按钮，可进行 2D 动态刀具切削过程模拟，如图 5-152 所示。

(3) 单击【确定】按钮，返回【固定轮廓铣】对话框，然后单击【确定】按钮，完成加工操作。

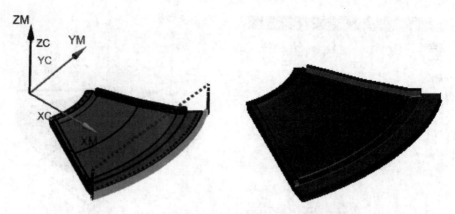

图 5 – 152　刀具路径和 2D 动态刀具切削过程模拟

5.3　本章小结

　　本章通过分瓣组合端盖实例来具体讲解 NX 多轴（3 + 1 轴）数控加工方法和步骤，希望通过本章的学习，使读者掌握大型分瓣零件多轴数控加工的基本应用。

第6章 动叶片数控加工实例（4轴）

动叶片主要由叶片型面及叶根组成，叶片结构复杂，该类零件数控加工是生产中典型和常见的 4 轴或 5 轴加工类型。因此本章以动叶片为例来介绍叶片类零件的 4 轴数控的方法和步骤。希望通过本章的学习，使读者轻松掌握端盖类多轴轴数控加工的基本应用。

 项目分解

- ◆ 型腔铣加工
- ◆ 可变轴曲面轮廓铣加工
- ◆ 固定轴曲面轮廓铣
- ◆ 平面轮廓铣加工

6.1 动叶片数控加工分析

动叶片零件如图 6-1 所示，叶片型面及叶根全部加工，材料为 2Cr13。

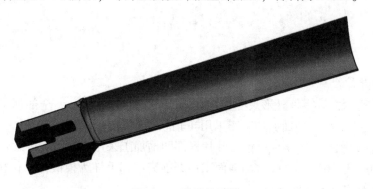

图 6-1 动叶片零件

6.1.1 动叶片结构分析

该零件尺寸 372 mm×50 mm×50 mm，叶片型面为曲面，其截面如图 6-2 所示，型面最小公差要求 ±0.05 mm，光洁度要求 $Ra0.8$ μm；叶根部如图 6-3 所示，图中全部未注圆角为 $R2.5$ mm，尺寸精度要求较高，最小公差为（+0.015，-0.03）mm，光洁度要求 $Ra3.2$ μm。

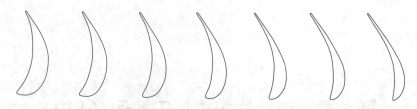

图 6 - 2　动叶片型面各截面形状图

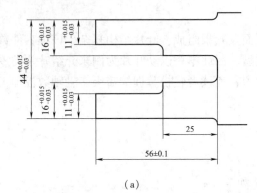

（a）

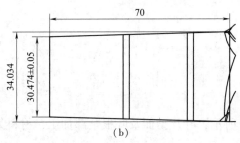

（b）

图 6 - 3　动叶片叶根部

6.1.2　工艺分析与加工方案

1. 工艺分析

如图 6 - 1 所示，该零件外形尺寸为 370 mm × 50 mm × 50 mm。全部加工，叶片型面为曲面、形状误差要求高，型面的加工需采用 4 轴联动机床进行精加工，型面光洁度要求高，需要抛光处理。如图 6 - 3（a）所示，叶片根部凹槽加工采用成型刀在卧式铣床上加工，效率较高，如图 6 - 3（b）所示叶根部斜面采用磨削完成。毛坯为模锻件，材料为 2Cr13 不锈钢，外形尺寸为 430 mm × 80 mm × 70 mm。

2. 动叶片铣削加工工艺方案

根据零件形状及加工精度要求，按照先粗后精，先叶片型面后叶根、叶梢的原则，按照毛坯两端打顶尖孔→粗铣叶片型面→精铣叶片型面→线切割叶根→精磨叶根斜面→精铣叶根槽→线切割叶梢→抛光叶片型面的顺序逐步达到加工精度。粗精铣叶片型面的数控加工方案如表 6 - 1 所示。

表 6 – 1   粗精铣叶片型面的数控加工方案

工步号	工步内容	刀具	刀具类型	切削用量		
				主轴转速/ $(r \cdot min^{-1})$	进给速度/ $(mm \cdot m^{-1})$	余量/mm
1	粗加工	T01	$\phi40$ 立铣刀	3 000	2 000	0.5
2	精加工清根	T01	$\phi40$ 立铣刀	3 000	2 000	0
3	粗加工清根	T02	$\phi32R6$ 环形刀	3 500	2 000	0.5
4	粗加工清根	T03	$\phi20$ 球头刀	3 500	2 000	0.5
5	粗加工叶片型面	T04	$\phi25R5$ 钻头	3 500	2 000	0.5
6	精加工叶片型面	T05	$\phi20R5$ 环形刀	3 500	2 000	0
7	精加工清根	T03	$\phi20$ 球头刀	3 500	2 000	0
8	精加工清根	T06	$\phi30$ 球头刀	3 500	2 000	0
9	铣叶根	T02	$\phi32R6$ 环形刀	3 500	2 000	0
10	铣叶根	T01	$\phi40$ 立铣刀	3 000	2 000	0
11	铣叶根	T07	$\phi30R3$ 环形刀	3 000	2 000	0
12	清根	T08	$\phi12$ 球头刀	3 500	2 000	0
13	铣倒角	T01	$\phi40$ 立铣刀	3 000	2 000	0

6.2   动叶片数控编程加工

根据工艺分析和加工方案，采用 NX 对动叶片进行数控加工编程，具体操作过程如下：

6.2.1   查看 CAD 模型

启动 NX 后，单击【主页】选项卡的【打开】按钮，弹出【打开部件文件】对话框，选择"动叶片 CAD. prt"，单击【OK】按钮，文件打开后如图 6 – 4 所示。

图 6 – 4   打开模型零件

6.2.1.1 加工零件层

在功能区中单击【视图】选项卡【可见性】组中的【图层设置】按钮🐾，弹出【图层设置】对话框，在【图层设置】对话框中勾选图层【2】，取消其他图层，显示加工零件，如图 6 - 5 所示。

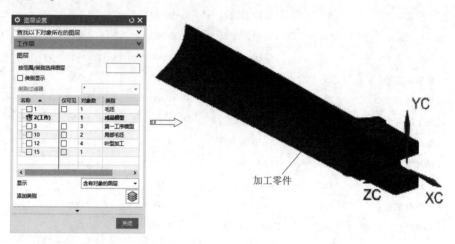

图 6 - 5　加工零件

6.2.1.2 毛坯层

在【图层设置】对话框中勾选图层【1】，取消其他图层，显示铣削毛坯，如图 6 - 6 所示。

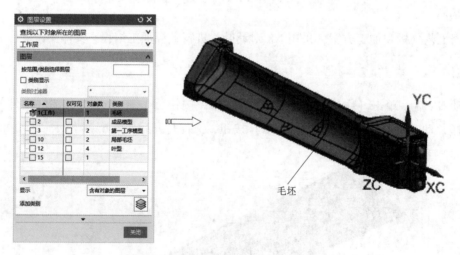

图 6 - 6　铣削毛坯

6.2.1.3 第一工序部件层

在【图层设置】对话框中勾选图层【3】，取消其他图层，显示工序零件层，如图 6 - 7 所示。

6.2.1.4 局部毛坯

在【图层设置】对话框中勾选图层【10】，显示局部毛坯，如图 6 - 8 所示。

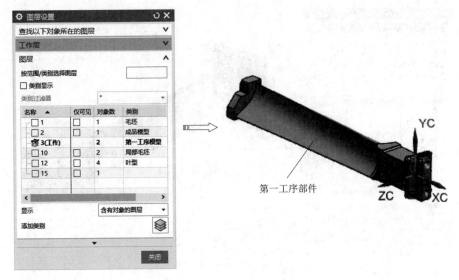

图 6 - 7　第一工序部件

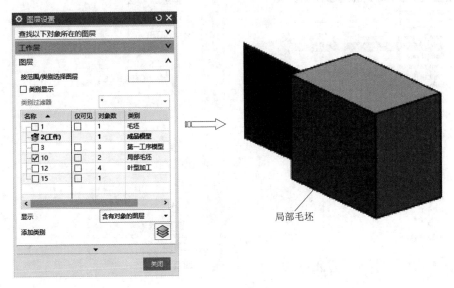

图 6 - 8　局部毛坯

6.2.1.5　叶型模型

在【图层设置】对话框中勾选图层【12】，显示叶型模型，如图 6 - 9 所示。

6.2.2　启动数控加工

单击【应用模块】选项卡中的【加工】按钮 ，系统弹出【加工环境】对话框，在【CAM 会话配置】中选择"cam_general"，在【要创建的 CAM 设置】中选择"mill_multi - axis"，单击【确定】按钮，初始化加工环境，如图 6 - 10 所示。

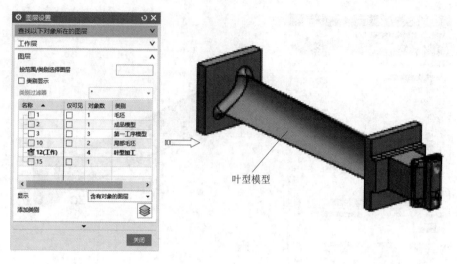

图 6 – 9　叶型模型

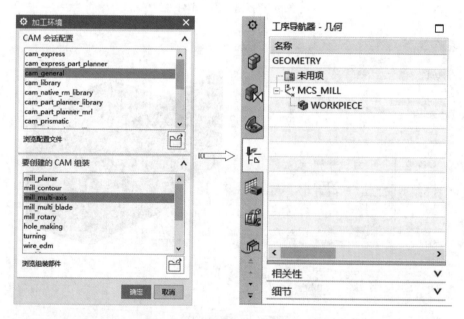

图 6 – 10　启动 NX CAM 加工环境

6.2.3　创建粗加工

单击上边框条【工序导航器组】上的【几何视图】按钮，将【工序导航器】切换到几何视图显示。

6.2.3.1　创建加工坐标系

（1）在【工序导航器】窗口中双击该图标 MCS，弹出【MCS】对话框，如图 6 – 11 所示。

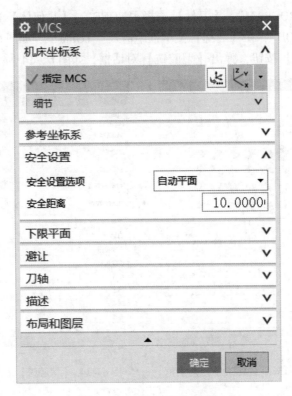

图 6 - 11 【MCS】对话框

（2）设置加工坐标系原点。单击【机床坐标系】组框中的【CSYS】按钮，弹出【坐标系】对话框，在【参考坐标系】中选择"WCS"，如图 6 - 12 所示。单击【确定】按钮返回【MCS】对话框。

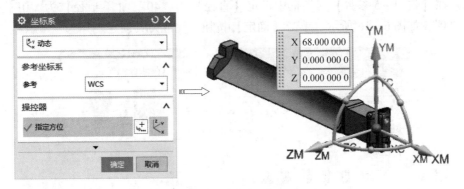

图 6 - 12　设置加工坐标系

6.2.3.2　创建叶根型腔铣粗加工铣削刀路 I

单击上边框条【工序导航器组】上的【几何视图】按钮，将【工序导航器】切换到几何视图显示。

1. 创建工序

（1）单击【插入】组中的【创建工序】按钮，弹出【创建工序】对话框。在【类型】下拉列表中选择 mill_contour，【工序子类型】选择第 1 行第 1 个图标（CAVITY_MILL），

【程序】选择"NC_PROGRAM",【刀具】选择"NONE",【几何体】选择"WORKPIECE",【方法】选择"METHOD",在【名称】文本框中输入"YGPM1",如图6-13所示。

(2)单击【确定】按钮,弹出【型腔铣】对话框,如图6-14所示。

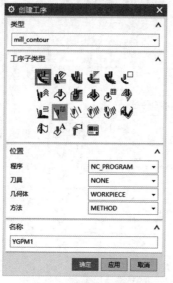

图6-13 【创建工序】对话框　　　　图6-14 【型腔铣】对话框

2. 创建平底刀 T1D40

(1)单击【工序】选项中的【新建】按钮，弹出【新建刀具】对话框。在【类型】下拉列表中选择"mill_contour",【刀具子类型】选择【MILL】图标，在【名称】文本框中输入"T1D40",如图6-15所示。单击【确定】按钮,弹出【铣刀-5参数】对话框。

(2)在【铣刀-5参数】对话框中设定【直径】为"40",【下半径】为"0",【刀具号】为"1",如图6-16所示。单击【确定】按钮,完成刀具创建。

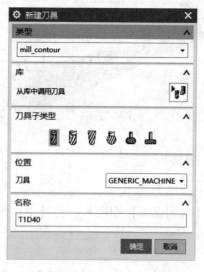
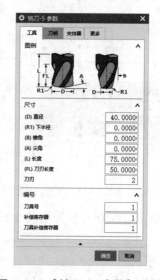

图6-15 【新建刀具】对话框　　　　图6-16 【铣刀-5参数】对话框

3. 选择部件几何和毛坯几何

（1）在【型腔铣】对话框中单击【指定或编辑部件几何体】按钮⬛，弹出【部件几何体】对话框，选择如图 6 – 17 所示的实体。单击【确定】按钮，返回【部件几何体】对话框。

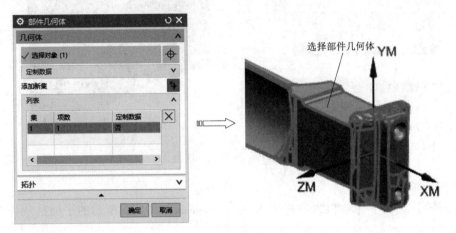

图 6 – 17　选择部件几何体

（2）在【型腔铣】对话框中单击【选择或编辑毛坯几何体】按钮⬛，弹出【毛坯几何体】对话框，在【类型】下拉列表中选择【几何体】选项，选择图层 10 上的如图 6 – 18 所示的实体，单击【确定】按钮，完成毛坯几何的创建。

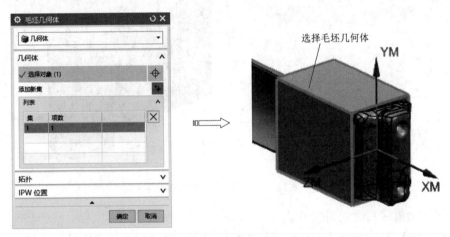

图 6 – 18　选择毛坯几何体

4. 选择铣削区域

在【几何体】组框中单击【指定或编辑切削区域几何体】按钮⬛，弹出【切削区域】对话框，单击【移除】按钮❌取消已经铣削区域，然后依次选择如图 6 – 19 所示的 4 个曲面，单击【确定】按钮，返回操作对话框。

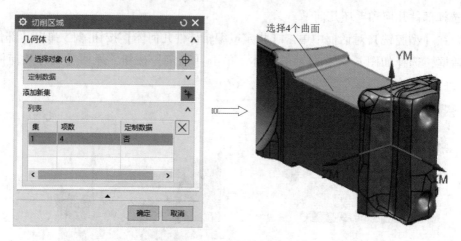

图 6-19 选择铣削区域

5. 选择刀轴方向

在【刀轴】选项中【轴】为"指定矢量",选择如图 6-20 所示的平面法线作为刀轴方向。

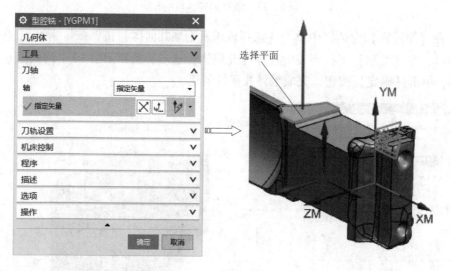

图 6-20 选择刀轴方向

6. 选择切削模式和设置切削用量

在【型腔铣】对话框的【刀轨设置】组框中进行切削模式和切削用量的设置。

在【切削模式】下拉列表中选择"跟随周边"方式;在【步距】下拉列表中选择"刀具平直",【平面直径百分比】为"80";【公共每刀切削深度】为"恒定",【最大距离】文本框中输入"0.7",如图 6-21 所示。

7. 设置切削参数

单击【刀轨设置】组框中的【切削参数】按钮 ，弹出【切削参数】对话框,进行切削参数设置。

【策略】选项卡:【切削方向】为"顺铣",【切削顺序】为"层优先",其他参数设置如图 6-22 所示。

图 6 – 21　选择切削模式和设置切削用量

【余量】选项卡：选中【使底面余量与侧面余量一致】复选框，【部件侧面余量】为 0.5，如图 6 – 23 所示。

图 6 – 22　【策略】选项卡

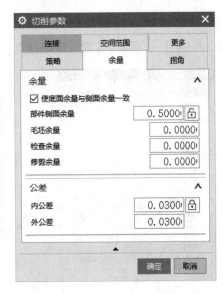

图 6 – 23　【余量】选项卡

单击【切削参数】对话框中的【确定】按钮，完成切削参数设置。

8. 设置非切削运动

单击【刀轨设置】组框中的【非切削参数】按钮，弹出【非切削移动】对话框，进行非切削参数设置。

【进刀】选项卡：开放区域的【进刀类型】为"线性"，【长度】为"50%"，其他参数设置如图6-24所示。

【退刀】选项卡：【退刀类型】为"与进刀相同"，如图6-25所示。

图6-24 【进刀】选项卡

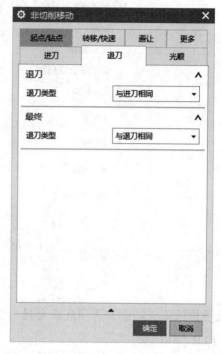

图6-25 【退刀】选项卡

【起点/钻点】选项卡：【默认区域起点】为"中点"，选择如图6-26所示的边线中点。

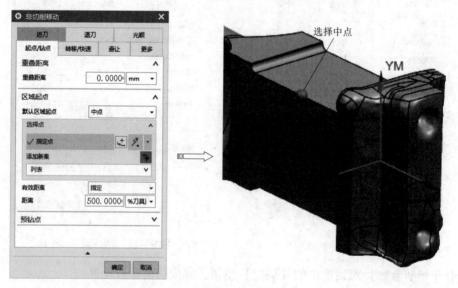

图6-26 【起点/钻点】选项卡

单击【非切削移动】对话框中的【确定】按钮，完成非切削参数设置。

9. 设置进给率和速度参数

单击【刀轨设置】组框中的【进给率和速度】按钮，弹出【进给率和速度】对话框。设置【主轴速度】为 3 000 r/min，进给率【切削】为 "2 000"，单位为 "毫米/分钟（mm/min）"，如图 6 – 27 所示。

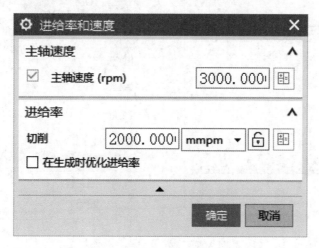

图 6 – 27 【进给率和速度】对话框

10. 生成刀具路径并验证

（1）在【工序】对话框中完成参数设置后，单击该对话框底部【操作】组框中的【生成】按钮，可在操作对话框下生成刀具路径，如图 6 – 28 所示。

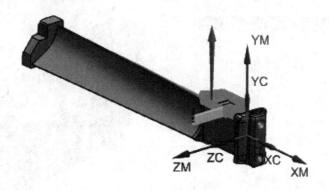

图 6 – 28 生成刀具路径

（2）单击【确定】按钮，返回【型腔铣】对话框，然后单击【确定】按钮，完成型腔铣粗加工操作。

6.2.3.3 创建叶根型腔铣粗加工铣削刀路 II

1. 复制创建工序

在【工序导航器】窗口选择 "YGPM1" 操作，单击鼠标右键，在弹出的快捷菜单中选择【复制】命令，选中 "YGPM1" 操作，单击鼠标右键，在弹出的快捷菜单中选择【粘贴】命令，粘贴工序并重命名为 YGPM2，如图 6 – 29 所示。

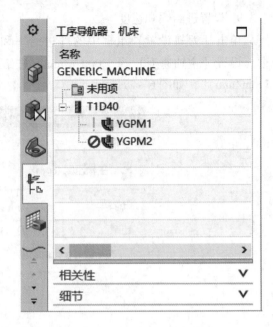

图 6-29　复制、粘贴工序

2. 选择切削区域

单击【几何体】组框中【指定切削区域】选项后的【选择或编辑切削区域】按钮🖌️，弹出【切削区域】对话框。在图形区选择如图 6-30 所示的 4 个曲面作为切削区域，单击【确定】按钮完成。

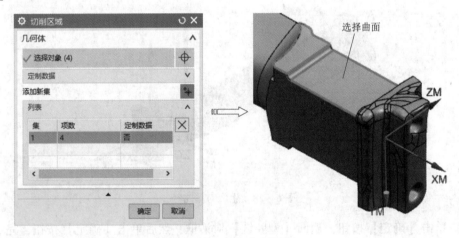

图 6-30　选择切削区域

3. 选择刀轴方向

在【刀轴】选项中单击【指定矢量】后的【反向】按钮✖️，如图 6-31 所示。

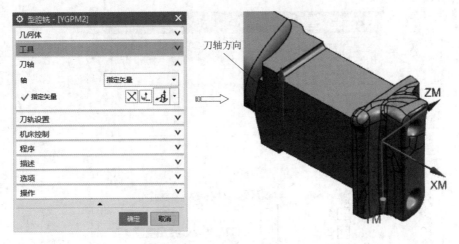

图 6 – 31 选择刀轴方向

4. 生成刀具路径并验证

（1）单击该对话框底部【操作】组框中的【生成】按钮，可在操作对话框下生成刀具路径，如图 6 – 32 所示。

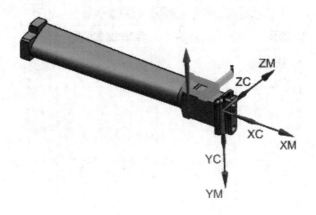

图 6 – 32 生成刀具路径

（2）单击【确定】按钮，返回【型腔铣】对话框，然后单击【确定】按钮，完成加工操作。

6. 2. 3. 4 创建叶缘等高轮廓铣粗加工铣削刀路 I

1. 创建辅助实体

（1）单击【应用模块】选项卡上的【建模】按钮，进入建模模块。

（2）在功能区中单击【视图】选项卡【可见性】组中的【图层设置】按钮，弹出【图层设置】对话框，设置图层 11 为当前图层，如图 6 – 33 所示。

（3）在草图功能区中单击【主页】选项卡【直接草图】组中的【草图】命令，弹出【创建草图】对话框，选择 XC – YC 平面绘制草图，利用草图绘制命令、编辑和约束功能，绘制如图 6 – 34 所示的草图，然后单击【草图】组上的【完成】按钮，退出草图编辑器环境。

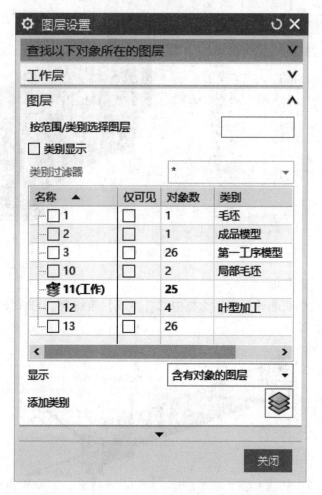

图 6 – 33 【图层设置】对话框

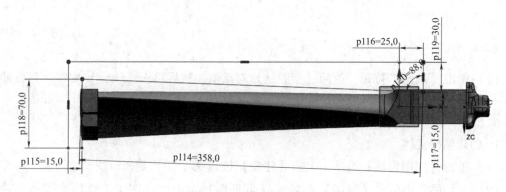

图 6 – 34 绘制草图曲线

（4）在建模功能区单击【主页】选项卡【特征】组中的【拉伸】命令，弹出【拉伸】对话框，选择如图 6 – 34 所示曲线，设置【限制】为"值"，【距离】为"34"，【布尔】为"无"，单击【确定】按钮完成拉伸，如图 6 – 35 所示。

图 6 - 35 创建拉伸特征

2. 创建工序

（1）单击【应用模块】选项卡上的【加工】按钮 ，进入数控加工模块。

（2）单击【主页】选项卡【插入】组中的【创建工序】按钮 ，弹出【创建工序】对话框。【类型】为"mill_contour"，【工序子类型】为第 1 行第 6 个图标 （ZLEVEL_PROFILE），【程序】为"NC_PROGRAM"，【刀具】为"T1D40"，【几何体】为"WORKPIECE"，【方法】选择"METHOD"，【名称】为"YYPM3"，如图 6 - 36 所示。

（3）单击【确定】按钮，弹出【深度轮廓铣】对话框，如图 6 - 37 所示。

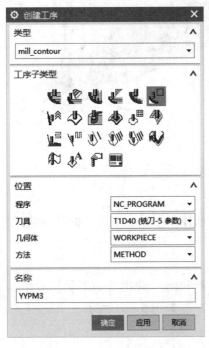

图 6 - 36 【创建工序】对话框

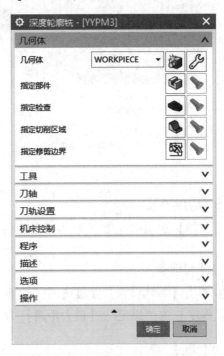

图 6 - 37 【深度轮廓铣】对话框

3. 创建部件几何

单击【几何体】组框中【指定部件】选项后的【选择或编辑部件几何体】按钮，弹出【部件几何体】对话框，选择如图 6－38 所示的实体，单击【确定】按钮完成。

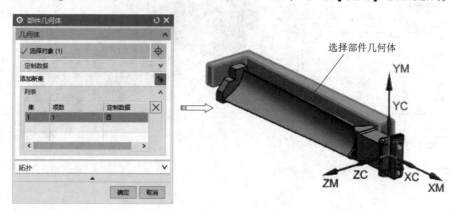

图 6－38　选择部件几何体

4. 选择切削区域

单击【几何体】组框中【指定切削区域】选项后的【选择或编辑切削区域】按钮，弹出【切削区域】对话框。在图形区选择如图 6－39 所示的 3 个曲面作为切削区域，单击【确定】按钮完成。

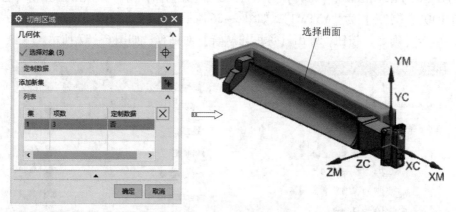

图 6－39　选择切削区域

5. 选择刀轴方向

在【刀轴】选项中【轴】为"指定矢量"，选择如图 6－40 所示的平面法线作为刀轴方向。

6. 设置切削层

（1）单击【刀轨设置】组框中的【切削层】按钮，弹出【切削层】对话框，【公共每刀切削深度】为"恒定"，【最大距离】为"0.7"，如图 6－41 所示。

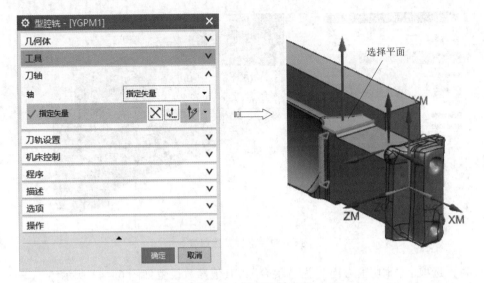

图 6 – 40　选择刀轴方向

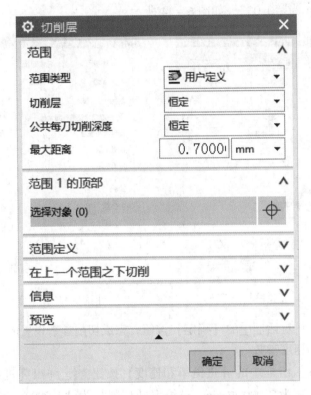

图 6 – 41　【切削层】对话框

（2）在【范围深度】选项中单击【选择对象】按钮 ⊕，然后减去 0.5 mm 作为余量，选择如图 6 – 42 所示的平面作为范围底轮廓线。

7. 设置切削参数

单击【刀轨设置】组框中的【切削参数】按钮，弹出【切削参数】对话框，进行切削参数设置。

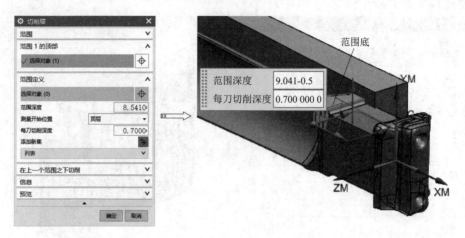

图 6-42　设置范围深度

【策略】选项卡：【切削方向】为"混合"，其他参数设置如图 6-43 所示。

【余量】选项卡：选中【使底面余量与侧面余量一致】复选框，【部件侧面余量】为 0，【内公差】【外公差】为"0.03"，如图 6-44 所示。

图 6-43　【策略】选项卡

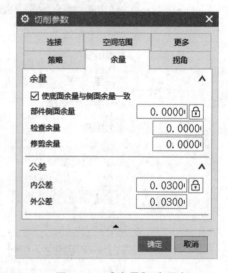

图 6-44　【余量】选项卡

单击【切削参数】对话框中的【确定】按钮，完成切削参数设置。

8. 设置进给率和速度参数

单击【刀轨设置】组框中的【进给率和速度】按钮，弹出【进给率和速度】对话框。设置【主轴速度】为 2 000 r/min，进给率【切削】为"1 000"，单位为"毫米/分钟（mm/min）"，其他参数设置如图 6-45 所示。

9. 生成刀具路径并验证

（1）在【工序】对话框中完成参数设置后，单击该对话框底部【操作】组框中的【生成】按钮，可在操作对话框下生成刀具路径，如图 6-46 所示。

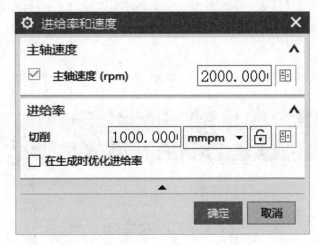

图 6 - 45 【进给率和速度】对话框

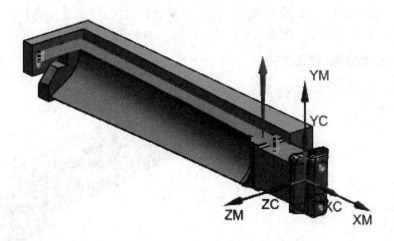

图 6 - 46 生成刀具路径

（2）单击【确定】按钮，返回【深度轮廓铣】对话框，然后单击【确定】按钮，完成轮廓铣加工操作。

6.2.3.5 创建叶缘等高轮廓铣粗加工铣削刀路 II

1. 创建辅助实体

（1）单击【应用模块】选项卡上的【建模】按钮 🝆，进入建模模块。在功能区单击【视图】选项卡【可见性】组中的【图层设置】按钮 🝆，弹出【图层设置】对话框，设置图层 11 为当前图层。

（2）在草图功能区单击【主页】选项卡【直接草图】组中的【草图】命令 🝆，弹出【创建草图】对话框，选择 XC - YC 平面绘制草图，利用草图绘制命令、编辑和约束功能，绘制如图 6 - 47 所示的草图，然后单击【草图】组上的【完成】按钮 🝆，退出草图编辑器环境。

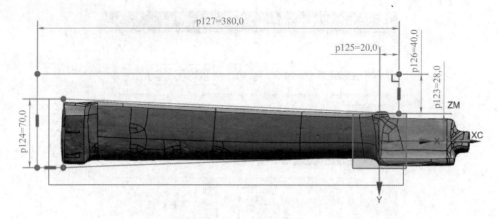

图 6 –47　绘制草图曲线

（3）在建模功能区单击【主页】选项卡【特征】组中的【拉伸】命令▥，弹出【拉伸】对话框，选择如图 6 –48 所示曲线，设置【限制】为"值"，【距离】为"34"，【布尔】为"无"，单击【确定】按钮完成拉伸，如图 6 –48 所示。

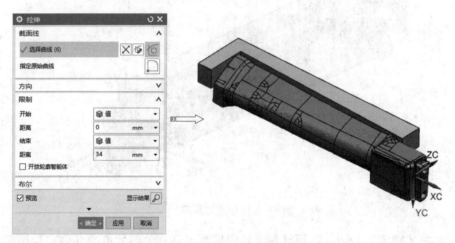

图 6 –48　创建拉伸特征

2. 复制创建工序

（1）单击【应用模块】选项卡上的【加工】按钮▮，进入数控加工模块。

（2）在【工序导航器】窗口选择"YYPM3"操作，单击鼠标右键，在弹出的快捷菜单中选择【复制】命令，选中"YYPM3"操作，单击鼠标右键，在弹出的快捷菜单中选择【粘贴】命令，粘贴工序并重命名为 YYPM4，如图 6 –49 所示。

3. 创建部件几何

单击【几何体】组框中【指定部件】选项后的【选择或编辑部件几何体】按钮▧，弹出【部件几何体】对话框，选择如图 6 –50 所示的实体。单击【确定】按钮，返回【部件几何体】对话框。

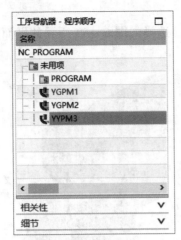
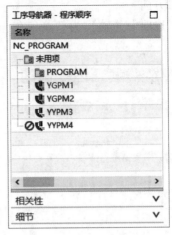

图 6 - 49　复制粘贴工序

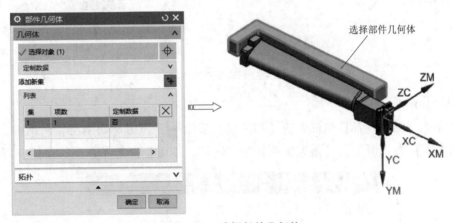

图 6 - 50　选择部件几何体

4. 选择切削区域

单击【几何体】组框中【指定切削区域】选项后的【选择或编辑切削区域】按钮 ,
弹出【切削区域】对话框。在图形区选择如图 6 - 51 所示的 3 个曲面作为切削区域,单击
【确定】按钮完成。

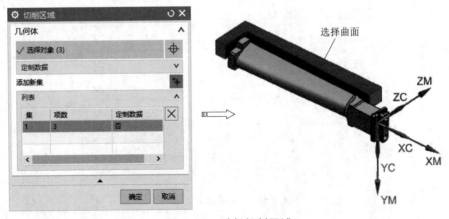

图 6 - 51　选择切削区域

5. 选择刀轴方向

在【刀轴】选项中【轴】为"指定矢量"，选择如图 6 – 52 所示的平面法线作为刀轴方向。

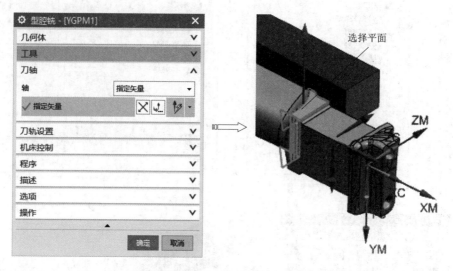

图 6 – 52　选择刀轴方向

6. 设置切削层

（1）单击【刀轨设置】组框中的【切削层】按钮，弹出【切削层】对话框，【公共每刀切削深度】为"恒定"，【最大距离】为"0.7"，如图 6 – 53 所示。

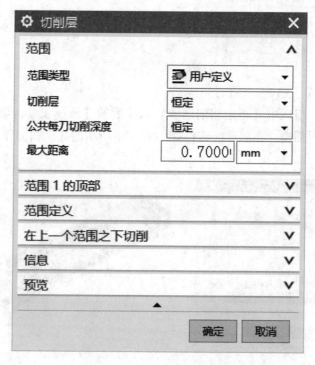

图 6 – 53　【切削层】对话框

（2）在【范围深度】选项中单击【选择对象】按钮 ⊕，然后减去 0.5 mm 作为余量，选择如图 6 - 54 所示的平面作为范围底轮廓线。

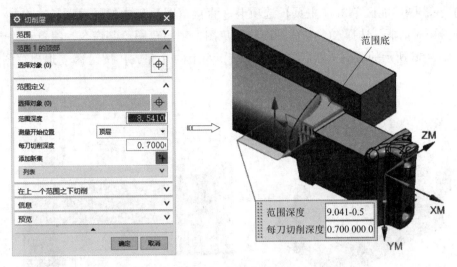

图 6 - 54　设置范围深度

7. 生成刀具路径并验证

（1）在【工序】对话框中完成参数设置后，单击该对话框底部【操作】组框中的【生成】按钮 ⯅，可在操作对话框下生成刀具路径，如图 6 - 55 所示。

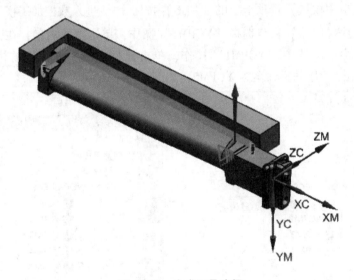

图 6 - 55　生成刀具路径

（2）单击【确定】按钮，返回【深度轮廓铣】对话框，然后单击【确定】按钮，完成轮廓铣加工操作。

6.2.3.6　创建叶根型腔铣粗加工铣削刀路Ⅲ

1. 创建辅助实体

（1）单击【应用模块】选项卡【建模】按钮 ⬤，进入建模模块，并在功能区中单击

【视图】选项卡【可见性】组中的【图层设置】按钮✿，弹出【图层设置】对话框，设置图层 11 为当前图层。

（2）在草图功能区单击【主页】选项卡【直接草图】组中的【草图】命令➷，弹出【创建草图】对话框，选择 XC – YC 平面绘制草图，利用草图绘制命令、编辑和约束功能，绘制如图 6 – 56 所示的草图，然后单击【草图】组上的【完成】按钮▶，退出草图编辑器环境。

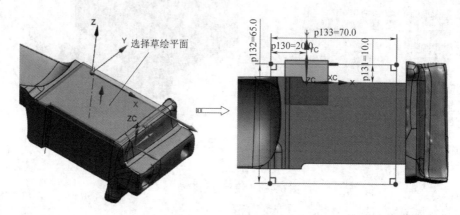

图 6 – 56　绘制草图曲线

2. 复制创建工序

（1）单击【应用模块】选项卡上的【加工】按钮🖢，进入数控加工模块。

（2）在【工序导航器】窗口选择"YGPM1"操作，单击鼠标右键，在弹出的快捷菜单中选择【复制】命令，选中"YGPM1"操作，单击鼠标右键，在弹出的快捷菜单中选择【粘贴】命令，粘贴工序并重命名为 YGPM5，如图 6 – 57 所示。

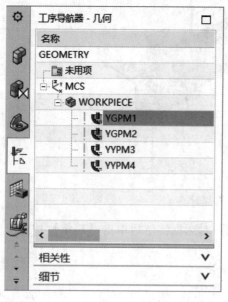
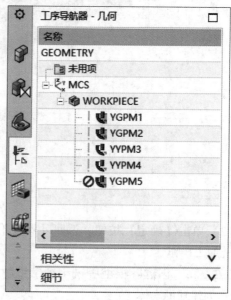

图 6 – 57　复制、粘贴工序

3. 选择切削区域

单击【几何体】组框中【指定切削区域】选项后的【选择或编辑切削区域】按钮，弹出【切削区域】对话框。在图形区选择如图 6 – 58 所示的 10 个曲面作为切削区域，单击【确定】按钮完成。

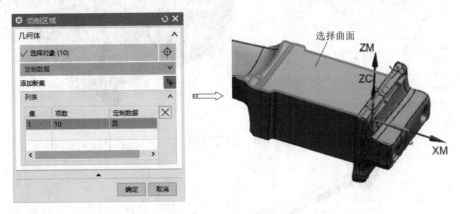

图 6 – 58　选择切削区域

4. 指定修剪边界

单击【几何体】组框【指定修剪边界】后的【选择或编辑修剪边界】按钮，弹出【修剪边界】对话框，在【选择方法】中选择"曲线"，【修剪侧】为"外部"，在图形区选择如图 6 – 59 所示的曲线作为修剪边界，单击【确定】按钮完成。

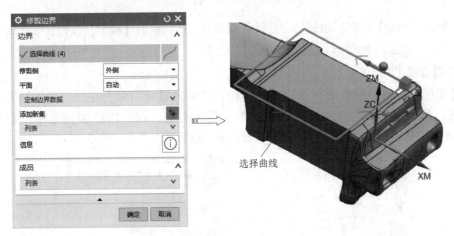

图 6 – 59　选择修剪边界

5. 选择刀轴方向

在【刀轴】选项中【轴】为"指定矢量"，选择如图 6 – 60 所示的平面法线作为刀轴方向。

6. 生成刀具路径并验证

（1）单击该对话框底部【操作】组框中的【生成】按钮，可在操作对话框下生成刀具路径，如图 6 – 61 所示。

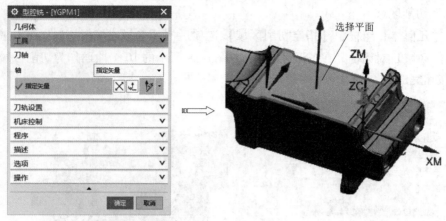

图 6-60 选择刀轴方向

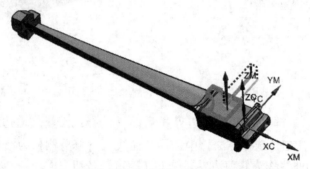

图 6-61 生成刀具路径

(2) 单击【确定】按钮，返回【型腔铣】对话框，然后单击【确定】按钮，完成加工操作。

6.2.3.7 创建叶根型腔铣粗加工铣削刀路 Ⅳ

1. 复制创建工序

在【工序导航器】窗口选择"YGPM5"操作，单击鼠标右键，在弹出的快捷菜单中选择【复制】命令，选中"YGPM5"操作，单击鼠标右键，在弹出的快捷菜单中选择【粘贴】命令，粘贴工序并重命名为 YGPM6，如图 6-62 所示。

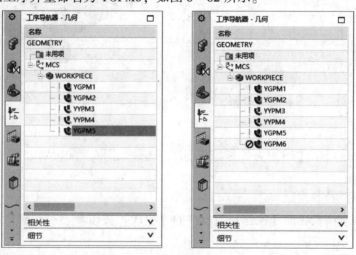

图 6-62 复制、粘贴工序

2. 选择切削区域

单击【几何体】组框中【指定切削区域】选项后的【选择或编辑切削区域】按钮 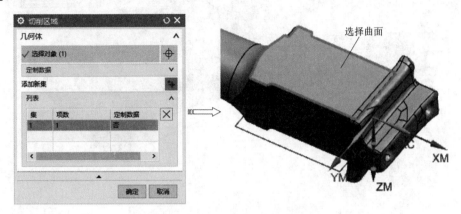，弹出【切削区域】对话框。在图形区选择如图6-63所示的1个曲面作为切削区域，单击【确定】按钮完成。

图6-63 选择切削区域

3. 选择刀轴方向

在【刀轴】选项中【轴】为"指定矢量"，选择如图6-64所示的平面法线作为刀轴方向。

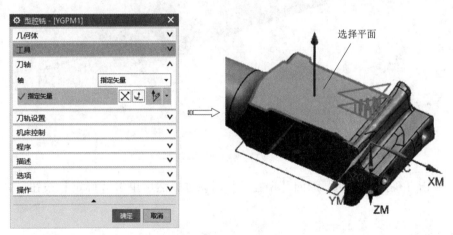

图6-64 选择刀轴方向

4. 设置非切削运动

单击【刀轨设置】组框中的【非切削参数】按钮 ，弹出【非切削移动】对话框，进行非切削参数设置。

【起点/钻点】选项卡：【默认区域起点】为"中点"，选择如图6-65所示的边线中点。

单击【非切削移动】对话框中的【确定】按钮，完成非切削参数设置。

5. 生成刀具路径并验证

（1）单击该对话框底部【操作】组框中的【生成】按钮 ，可在操作对话框下生成刀具路径，如图6-66所示。

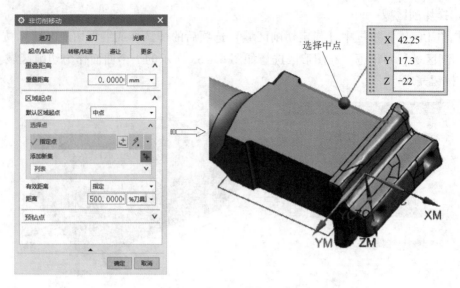

图 6 – 65 【开始/钻点】选项卡

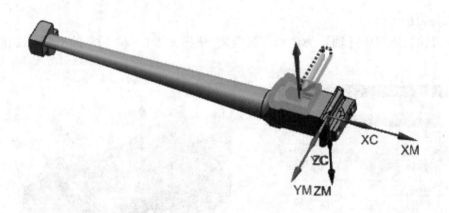

图 6 – 66 刀具路径和实体切削验证

（2）单击【确定】按钮，返回【型腔铣】对话框，然后单击【确定】按钮，完成加工操作。

6.2.3.8 创建叶槽固定轴曲面轮廓铣粗加工刀路

1. 创建辅助曲面和曲线

（1）单击【应用模块】选项卡上的【建模】按钮，进入建模模块。在功能区中单击【视图】选项卡【可见性】组中的【图层设置】按钮，弹出【图层设置】对话框，设置图层 11 为当前图层。

（2）在草图功能区单击【主页】选项卡【直接草图】组中的【草图】命令，弹出【创建草图】对话框，选择 XC – ZC 平面绘制草图，利用草图绘制命令、编辑和约束功能，绘制如图 6 – 67 所示的草图，然后单击【草图】组上的【完成】按钮，退出草图编辑器环境。

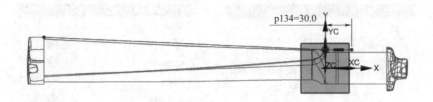

图 6 – 67　绘制草图曲线

（3）在建模功能区单击【主页】选项卡【特征】组中的【拉伸】命令▥，弹出【拉伸】对话框，选择如图 6 – 68 所示曲线，设置【限制】【结束】为"对称值"，【距离】为"60"，【布尔】为"无"，单击【确定】按钮完成拉伸，如图 6 – 68 所示。

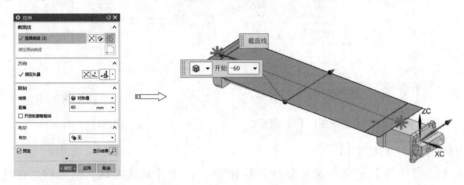

图 6 – 68　创建拉伸特征

（4）在草图功能区单击【主页】选项卡【直接草图】组中的【草图】命令▦，弹出【创建草图】对话框，选择如图 6 – 69 所示的平面绘制草图，利用草图绘制命令、编辑和约束功能，绘制如图 6 – 69 所示的草图，然后单击【草图】组上的【完成】按钮▨，退出草图编辑器环境。

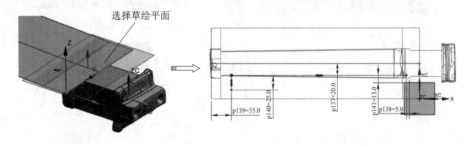

图 6 – 69　绘制草图

1. 创建工序

（1）单击【主页】选项卡【插入】组中的【创建工序】按钮▦，弹出【创建工序】对话框。【类型】为"mill_contour"，【工序子类型】选择第 2 行第 2 个图标▼（FIXED_CONTOUR），【程序】为"NC_PROGRAM"，【刀具】为"NONE"，【几何体】为"WORKPIECE"，【方法】为"METHOD"，【名称】为"YCPM7"，如图 6 – 70 所示。

（2）单击【确定】按钮，弹出【固定轮廓铣】对话框，如图 6 – 71 所示。

图 6-70 【创建工序】对话框

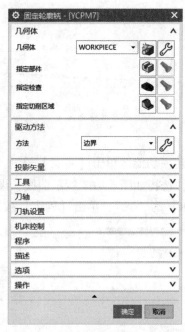

图 6-71 【固定轮廓铣】对话框

2. 创建圆角刀 T2D32R6

（1）单击【工序】选项中的【新建】按钮 ，弹出【新建刀具】对话框。在【类型】下拉列表中选择 "mill_contour"，【刀具子类型】选择【MILL】图标 ，在【名称】文本框中输入 "T2D32R6"，如图 6-72 所示。单击【确定】按钮，弹出【铣刀-5 参数】对话框。

（2）在【铣刀-5 参数】对话框中设定【直径】为 "32"，【下半径】为 "6"，【刀具号】为 "2"，如图 6-73 所示。单击【确定】按钮，完成刀具创建。

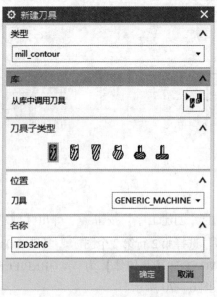

图 6-72 【新建刀具】对话框

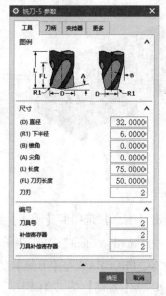

图 6-73 【铣刀-5 参数】对话框

3. 选择部件几何

单击【指定或编辑部件几何体】按钮 ，弹出【部件几何体】对话框，选择如图 6 – 74 所示的 3 个曲面。单击【确定】按钮，返回【部件几何体】对话框。

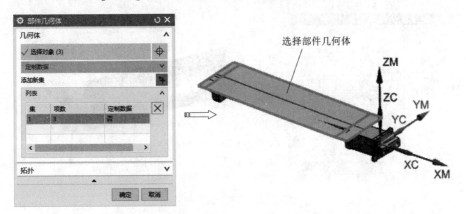

图 6 – 74　选择部件几何体

4. 选择驱动方法并设置驱动参数

（1）在【驱动方式】组框中的【方法】下拉列表中选取"边界"，弹出【边界驱动方法】对话框，设置【切削模式】为"轮廓"，【切削方向】为"逆铣"，【步距】为"刀具平直"，其他参数设置如图 6 – 75 所示。

图 6 – 75　【边界驱动方法】对话框

（2）单击【选择或编辑驱动几何体】按钮 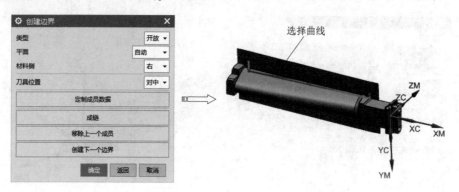，弹出【边界几何体】对话框，【模式】为"曲线/边"，接着弹出【创建边界】对话框，【类型】为"开放"，【刀具位置】为"对中"，选择如图6-76所示的曲线。

图6-76　选择边界曲线

（3）单击【确定】按钮，完成驱动方法设置，返回【固定轮廓铣】对话框。

5. 选择刀轴方向

在【刀轴】选项中【轴】为"指定矢量"，选择如图6-77所示的平面法线作为刀轴方向。

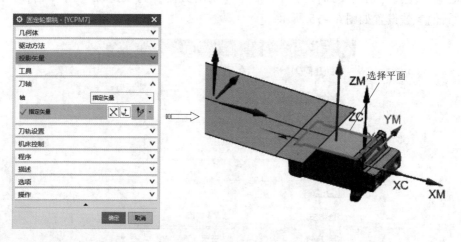

图6-77　选择刀轴方向

6. 设置切削参数

单击【刀轨设置】组框中的【切削参数】按钮 ，弹出【切削参数】对话框，设置切削加工参数。

【多刀路】选项卡：【部件余量偏置】为"10"，【增量】为"0.7"，如图6-78所示。

单击【切削参数】对话框中的【确定】按钮，完成切削参数设置。

7. 设置进给参数

单击【刀轨设置】组框中的【进给率和速度】按钮 ，弹出【进给率和速度】对话框。设置【主轴速度】为3 500 r/min，进给率【切削】为"2 000"，单位为"毫米/分钟（mm/min）"，其他接受默认设置，如图6-79所示。

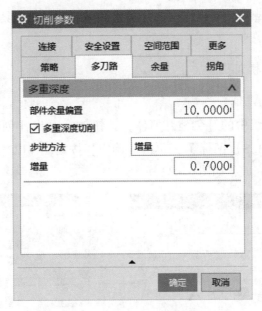

图 6 - 78 【多刀路】选项卡

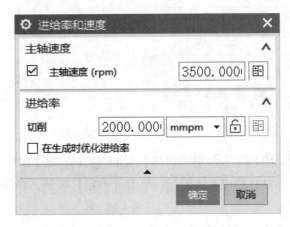

图 6 - 79 【进给率和速度】对话框

8. 生成刀具路径并验证

（1）在【工序】对话框中完成参数设置后，单击该对话框底部【操作】组框中的【生成】按钮 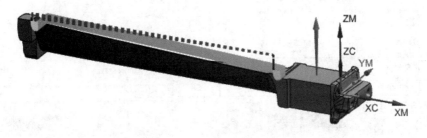，可生成该操作的刀具路径，如图 6 - 80 所示。

图 6 - 80 生成刀具路径

（2）单击【固定轮廓铣】对话框中的【确定】按钮，接受刀具路径，并关闭【固定轮廓铣】对话框。

6.2.4　创建叶片粗加工

6.2.4.1　创建加工几何

（1）单击【插入】组中的【创建几何体】按钮 🔩，弹出【创建几何体】对话框，如图 6 -81 所示。选择【MCS】图标 ，单击【确定】按钮，弹出【MCS】对话框，默认设置，单击【确定】按钮完成，如图 6 -82 所示。

图 6 -81　【创建几何体】对话框

图 6 -82　【MCS】对话框

（2）单击【插入】组中的【创建几何体】按钮 🔩，弹出【创建几何体】对话框，如图 6 -83 所示。选择【WORKPIECE】图标，单击【确定】按钮，弹出【工件】对话框，如图 6 -84 所示。

图 6 -83　【创建几何体】对话框

图 6 -84　【工件】对话框

6.2.4.2 创建加工辅助实体

1. 图层复制

（1）单击【应用模块】选项卡上的【建模】按钮 ，进入建模模块。

（2）在功能区中单击【视图】选项卡中【可见性】组中的【图层设置】按钮 ，弹出【图层设置】对话框，设置图层 12 为当前图层，如图 6-85 所示。

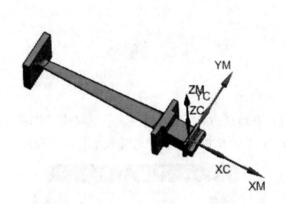

图 6-85　显示加工辅助实体

（3）选择菜单【格式】|【复制至图层】命令，选择 12 层上的实体，弹出【图层复制】对话框，设置【目标图层】为 13，进行图层复制，如图 6-86 所示。

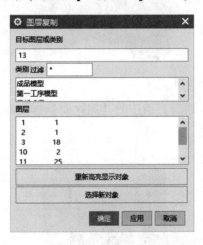

图 6-86　图层复制

（4）在功能区单击【视图】选项卡【可见性】组中的【图层设置】按钮 ，弹出【图层设置】对话框，设置图层 13 为当前图层，如图 6-87 所示。

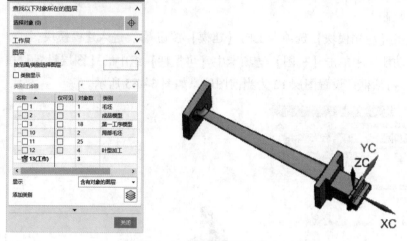

图 6 - 87　设置当前图层

2. 删除面

（1）在建模功能区单击【主页】选项卡【同步建模】组中的【删除面】按钮，选中如图 6 - 88 所示的圆角面，单击【确定】按钮完成。

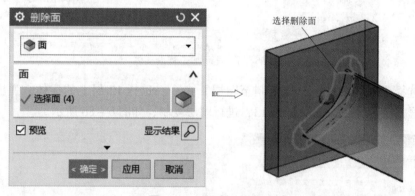

图 6 - 88　创建删除面

（2）在建模功能区单击【主页】选项卡【同步建模】组中的【删除面】按钮，选中如图 6 - 89 所示的圆角面，单击【确定】按钮完成。

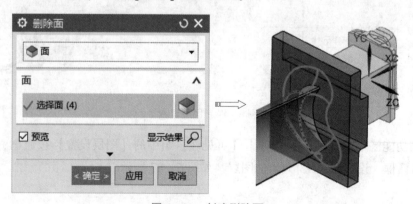

图 6 - 89　创建删除面

3. 拆分体

（1）在建模功能区单击【主页】选项卡【特征】组中的【拆分体】按钮 ▣，弹出【拆分体】对话框，选择如图 6 – 90 所示的实体作为目标，选择如图 6 – 90 所示的平面并偏置 15 mm 作为工具，单击【确定】按钮完成。

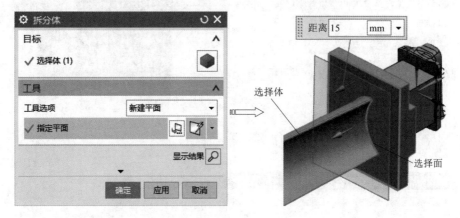

图 6 – 90　创建拆分体

（2）在建模功能区单击【主页】选项卡【特征】组中的【拆分体】按钮 ▣，弹出【拆分体】对话框，选择如图 6 – 91 所示的实体作为目标，选择如图 6 – 91 所示的平面并偏置 30 mm 作为工具，单击【确定】按钮完成。

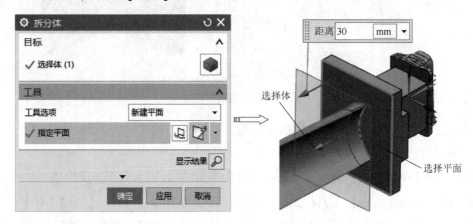

图 6 – 91　创建拆分体

（3）在建模功能区单击【主页】选项卡【特征】组中的【拆分体】按钮 ▣，弹出【拆分体】对话框，选择如图 6 – 92 所示的实体作为目标，选择如图 6 – 92 所示的平面并偏置 10 mm 作为工具，单击【确定】按钮完成。

（4）在建模功能区单击【主页】选项卡【特征】组中的【拆分体】按钮 ▣，弹出【拆分体】对话框，选择如图 6 – 93 所示的实体作为目标，选择如图 6 – 93 所示的平面并偏置 20 mm 作为工具，单击【确定】按钮完成。

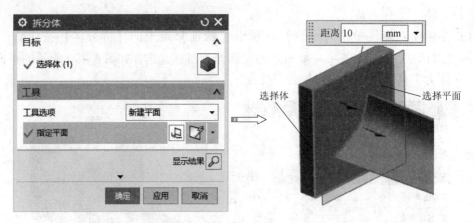

图 6 – 92　创建拆分体

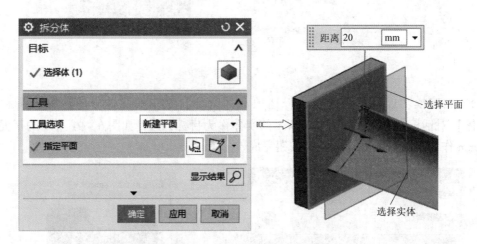

图 6 – 93　创建拆分体

6.2.4.3　创建叶片头部可变轴曲面轮廓铣粗加工刀路 I

1. 创建可变轴曲面轮廓铣工序

（1）单击【应用模块】选项卡上的【加工】按钮 ，进入数控加工模块。

（2）单击【加工创建】工具栏上的【创建工序】按钮 ，弹出【创建工序】对话框。在【类型】下拉列表中选择"mill_multi – axis"，【工序子类型】选择第 1 行第 1 个图标 （VARIABLE_CONTOUR），【程序】选择"NC_PROGRAM"，【刀具】选择"NONE"，【几何体】选择"WORKPIECE_1"，【方法】选择"METHOD"，【名称】为"YPTBC1"，如图 6 – 94 所示。

（3）单击【确定】按钮，弹出【可变轮廓铣】对话框，如图 6 – 95 所示。

2. 创建球刀 T3B20

（1）单击【工具】选项中的【新建】按钮 ，弹出【新建刀具】对话框。【类型】为"mill_multi – axis"，【刀具子类型】选择【MILL】图标 ，在【名称】文本框中输入"T3B20"，如图 6 – 96 所示。单击【确定】按钮，弹出【铣刀 – 5 参数】对话框。

（2）在【铣刀 – 5 参数】对话框中设定【直径】为"20"，【下半径】为"10"，【刀具号】为"3",如图6-97所示。单击【确定】按钮,完成刀具创建。

图6-94 【创建工序】对话框

图6-95 【可变轮廓铣】对话框

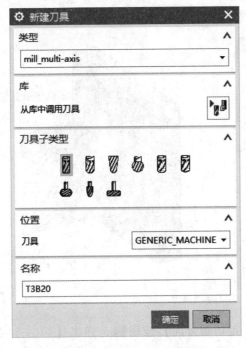

图6-96 【新建刀具】对话框

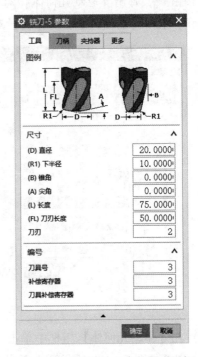

图6-97 【铣刀-5参数】对话框

3. 选择驱动方法

(1) 在【可变轮廓铣】对话框【驱动方式】组框中的【方法】下拉列表中选取"曲面区域",系统弹出【曲面区域驱动方法】对话框,如图6-98所示。

图 6 – 98 【曲面区域驱动方法】对话框

（2）在【驱动几何体】组框中单击【指定驱动几何体】选项后的【选择或编辑驱动几何体】按钮 ，弹出【驱动几何体】对话框，选择如图 6 – 99 所示的 4 个曲面。单击【确定】按钮，返回【曲面区域驱动方法】对话框。

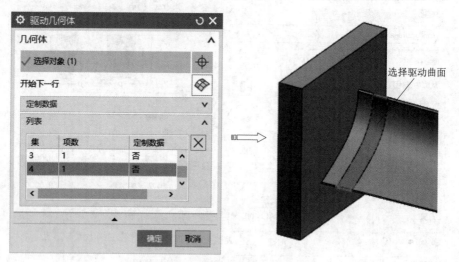

图 6 – 99 选择驱动曲面

（3）在【驱动几何体】组框中单击【指定切削方向】按钮 ，弹出【切削方向确认】对话框，选择如图 6 – 100 所示箭头所指定方向为切削方向，然后单击【确定】按钮，返回【曲面驱动方法】对话框。

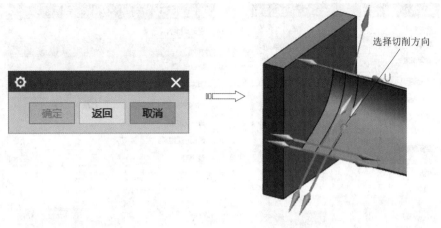

图 6 – 100 选择切削方向

（4）在【驱动几何体】组框中单击【材料反向】按钮 ，确认材料侧方向如图 6 – 101 所示。

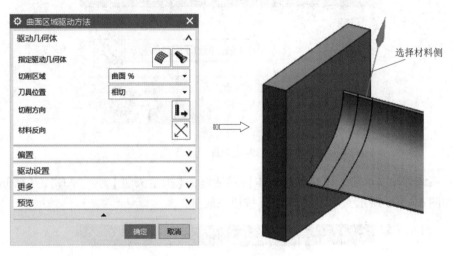

图 6 – 101 设置材料侧方向

（5）设置步距方向参数。【曲面偏置】为 "5"，【切削模式】为 "螺旋"，【步距】为 "数量"，【步距数】为 "5"，如图 6 – 102 所示。

（6）设置切削方向参数。在【更多】组框中选择【切削步长】为 "数量"，【第一刀切削】和【最后一刀切削】为 "50"，如图 6 – 103 所示。

（7）单击【曲面区域驱动方法】对话框中的【确定】按钮，完成驱动方法设置，返回 【可变轮廓铣】对话框。

4. 选择刀轴方向

（1）在【刀轴】组框中选择【刀轴】为 "4 轴，相对于驱动体"，如图 6 – 104 所示。

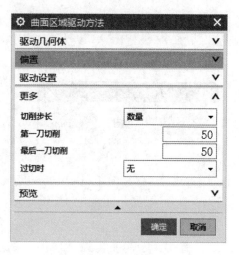

图6-102　设置步距参数　　　　　　图6-103　设置切削方向参数

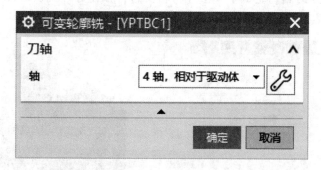

图6-104　选择刀轴方式

（2）系统弹出【4轴，相对于驱动体】对话框，【指定矢量】为"XC"，【前倾角】为"20"，如图6-105所示，单击【确定】按钮完成。

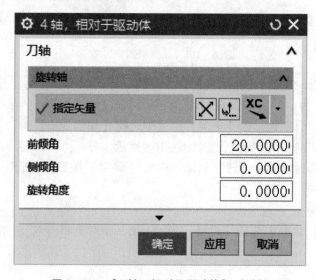

图6-105　【4轴，相对于驱动体】对话框

5. 设置进给参数

单击【刀轨设置】组框中的【进给率和速度】按钮 ，弹出【进给率和速度】对话框。设置【主轴速度】为 2 000 r/min，进给率【切削】为 "1 000"，单位为 "毫米/分钟（mm/min）"，其他参数设置如图 6 - 106 所示。

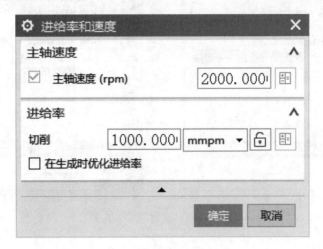

图 6 - 106 【进给率和速度】对话框

6. 生成刀具路径并验证

（1）在【工序】对话框中完成参数设置后，单击该对话框底部【操作】组框中的【生成】按钮 ，可生成该操作的刀具路径，如图 6 - 107 所示。

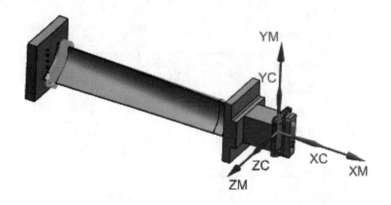

图 6 - 107 生成刀具路径

（2）单击【可变轮廓铣】对话框中的【确定】按钮，接受刀具路径，并关闭【可变轮廓铣】对话框。

6. 2. 4. 4 创建叶片头部可变轴曲面轮廓铣粗加工刀路 II

1. 复制创建工序

在【工序导航器】窗口选择 "YPTBC1" 操作，单击鼠标右键，在弹出的快捷菜单中选择【复制】命令，选中 "YPTBC1" 操作，单击鼠标右键，在弹出的快捷菜单中选择【粘贴】命令，粘贴工序并重命名为 YPTBC2，如图 6 - 108 所示。

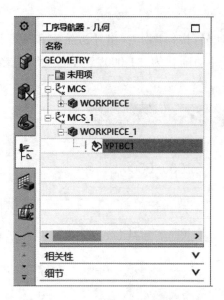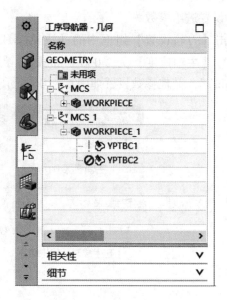

图 6 – 108　复制、粘贴工序

2. 设置曲面偏置

在【可变轮廓铣】对话框【驱动方式】组框中的【方法】下拉列表中选取"曲面区域"，系统弹出【曲面区域驱动方法】对话框，【曲面偏置】为"3"，如图 6 – 109 所示。

图 6 – 109　【曲面区域驱动方法】对话框

3. 生成刀具路径并验证

（1）在【工序】对话框中完成参数设置后，单击该对话框底部【操作】组框中的【生成】按钮 ，可生成该操作的刀具路径，如图 6 – 110 所示。

（2）单击【可变轮廓铣】对话框中的【确定】按钮，接受刀具路径，并关闭【可变轮

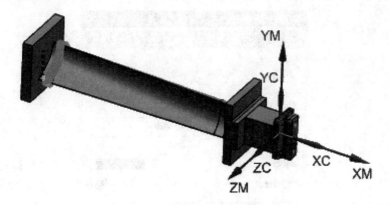

图 6-110　生成刀具路径

廓铣】对话框。

6.2.4.5　创建叶片头部可变轴曲面轮廓铣粗加工刀路Ⅲ

1. 复制创建工序

在【工序导航器】窗口选择"YPTBC2"操作，单击鼠标右键，在弹出的快捷菜单中选择【复制】命令，选中"YPTBC2"操作，单击鼠标右键，在弹出的快捷菜单中选择【粘贴】命令，粘贴工序并重命名为 YPTBC3，如图 6-111 所示。

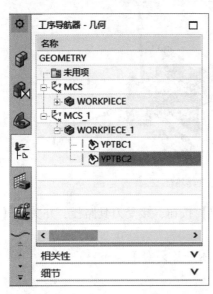
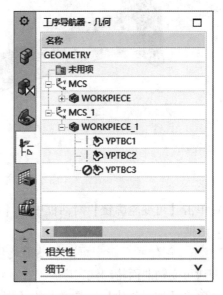

图 6-111　复制、粘贴工序

2. 设置曲面偏置

在【可变轮廓铣】对话框【驱动方式】组框【方法】下拉列表中选取"曲面区域"，系统弹出【曲面区域驱动方法】对话框，【曲面偏置】为"1"，如图 6-112 所示。

3. 生成刀具路径并验证

（1）在【工序】对话框中完成参数设置后，单击该对话框底部【操作】组框中的【生成】按钮，可生成该操作的刀具路径，如图 6-113 所示。

图 6 –112 【曲面区域驱动方法】对话框

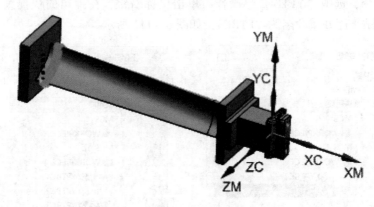

图 6 –113 生成刀具路径

（2）单击【可变轮廓铣】对话框中的【确定】按钮，接受刀具路径，并关闭【可变轮廓铣】对话框。

6. 2. 4. 6 创建叶片根部可变轴曲面轮廓铣粗加工刀路 I

1. 创建可变轴曲面轮廓铣工序

（1）单击【加工创建】工具栏上的【创建工序】按钮 ，弹出【创建工序】对话框。在【类型】下拉列表中选择"mill_multi – axis"，【工序子类型】选择第 1 行第 1 个图标 （VARIABLE_CONTOUR），【程序】选择"NC_PROGRAM"，【刀具】选择"NONE"，【几何体】选择"WORKPIECE_1"，【方法】选择"METHOD"，【名称】为"YPGBC1"，如图 6 –114 所示。

（2）单击【确定】按钮，弹出【可变轮廓铣】对话框，如图 6 –115 所示。

图 6 – 114 【创建工序】对话框　　图 6 – 115 【可变轮廓铣】对话框

2. 创建球 T4B30

（1）单击【工序】选项中的【新建】按钮 ，弹出【新建刀具】对话框。在【类型】下拉列表中选择 "mill_multi – axis"，【刀具子类型】选择【MILL】图标 ，在【名称】文本框中输入 "T4B30"，如图 6 – 116 所示。单击【确定】按钮，弹出【铣刀 – 5 参数】对话框。

（2）在【铣刀 – 5 参数】对话框中设定【直径】为 "30"，【下半径】为 "15"，【刀具号】为 "4"，如图 6 – 117 所示。单击【确定】按钮，完成刀具创建。

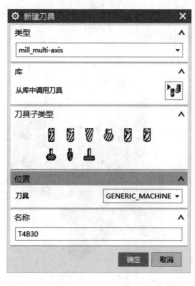

图 6 – 116 【新建刀具】对话框　　图 6 – 117 【铣刀 – 5 参数】对话框

3. 选择驱动方法

（1）在【可变轮廓铣】对话框【驱动方式】组框中的【方法】下拉列表中选取 "曲面

区域"，弹出【曲面区域驱动方法】对话框，如图 6–118 所示。

图 6–118 【曲面区域驱动方法】对话框

（2）在【驱动几何体】组框中，单击【指定驱动几何体】选项后的【选择或编辑驱动几何体】按钮 ，弹出【驱动几何体】对话框，选择如图 6–119 所示的 4 个曲面。单击【确定】按钮，返回【曲面区域驱动方法】对话框。

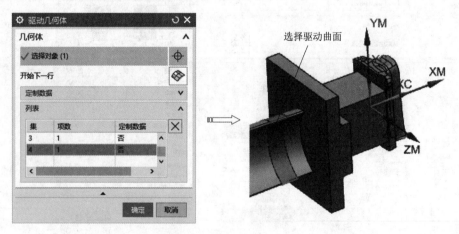

图 6–119 选择驱动曲面

（3）在【驱动几何体】组框中单击【指定切削方向】按钮 ，弹出【切削方向确认】对话框，选择如图 6–120 所示箭头所指定方向为切削方向，然后单击【确定】按钮，返回

【曲面驱动方法】对话框。

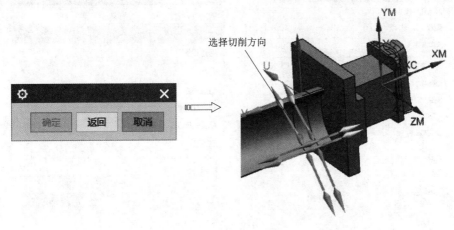

图 6 – 120　选择切削方向

（4）在【驱动几何体】组框中单击【材料反向】按钮，确认材料侧方向如图 6 – 121所示。

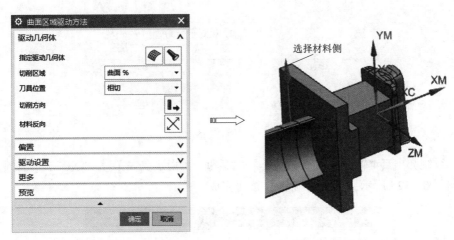

图 6 – 121　设置材料侧方向

（5）设置步距方向参数。【曲面偏置】为"4"，【切削模式】为"螺旋"，【步距】为"数量"，【步距数】为"5"，如图 6 – 122 所示。

（6）设置切削方向参数。在【更多】组框中选择【切削步长】为"数量"，【第一刀切削】和【最后一刀切削】为"50"，如图 6 – 123 所示。

（7）单击【曲面区域驱动方法】对话框中的【确定】按钮，完成驱动方法设置，返回【可变轮廓铣】对话框。

4. 选择刀轴方向

（1）在【刀轴】组框中选择【刀轴】为"4 轴，相对于驱动体"，如图 6 – 124所示。

图 6-122 设置步距参数

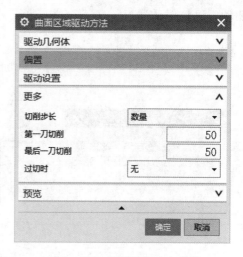

图 6-123 设置切削方向参数

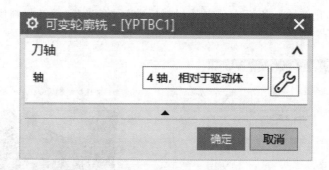

图 6-124 选择刀轴方式

（2）系统弹出【4 轴，相对于驱动体】对话框，【指定矢量】为"XC"，【前倾角】为"20"，如图 6-125 所示，单击【确定】按钮完成。

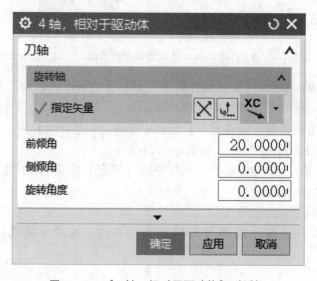

图 6-125 【4 轴，相对于驱动体】对话框

5. 设置进给参数

单击【刀轨设置】组框中的【进给率和速度】按钮，弹出【进给率和速度】对话框。设置【主轴速度】为 2 000 r/min，进给率【切削】为"1 000"，单位为"毫米/分钟（mm/min）"，其他参数设置如图 6 – 126 所示。

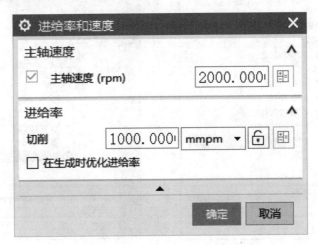

图 6 – 126　【进给率和速度】对话框

6. 生成刀具路径并验证

（1）在【工序】对话框中完成参数设置后，单击该对话框底部【操作】组框中的【生成】按钮，可生成该操作的刀具路径，如图 6 – 127 所示。

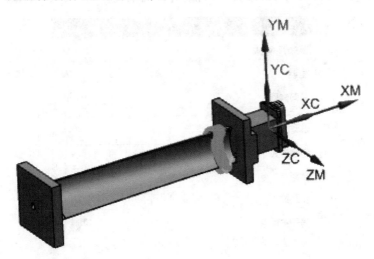

图 6 – 127　生成刀具路径

（2）单击【可变轮廓铣】对话框中的【确定】按钮，接受刀具路径，并关闭【可变轮廓铣】对话框。

6. 2. 4. 7　创建叶片根部可变轴曲面轮廓铣粗加工刀路 Ⅱ

1. 复制创建工序

在【工序导航器】窗口选择"YPGBC1"操作，单击鼠标右键，在弹出的快捷菜单中选择【复制】命令，选中"YPGBC1"操作，单击鼠标右键，在弹出的快捷菜单中选择【粘贴】命令，粘贴工序并重命名为YPGBC2，如图 6 – 128 所示。

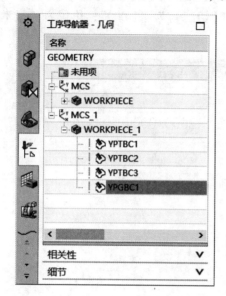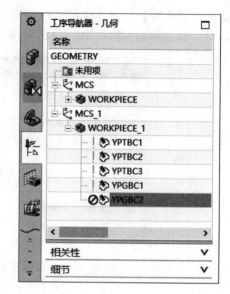

图 6 – 128　复制、粘贴工序

2. 设置曲面偏置

在【可变轮廓铣】对话框【驱动方式】组框中的【方法】下拉列表中选取"曲面区域"，系统弹出【曲面区域驱动方法】对话框，【曲面偏置】为"2"，如图 6 – 129 所示。

图 6 – 129　【曲面区域驱动方法】对话框

3. 生成刀具路径并验证

（1）在【工序】对话框中完成参数设置后，单击该对话框底部【操作】组框中的【生成】按钮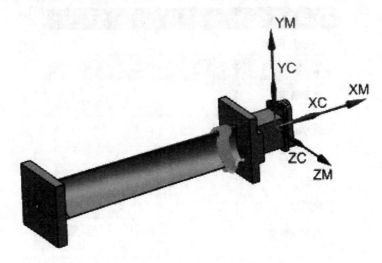，可生成该操作的刀具路径，如图6-130所示。

图6-130　生成刀具路径

（2）单击【可变轮廓铣】对话框中的【确定】按钮，接受刀具路径，并关闭【可变轮廓铣】对话框。

6.2.4.8　创建叶片根部可变轴曲面轮廓铣粗加工刀路Ⅲ

1. 复制创建工序

在【工序导航器】窗口选择"YPGBC2"操作，单击鼠标右键，在弹出的快捷菜单中选择【复制】命令，选中"YPGBC2"操作，单击鼠标右键，在弹出的快捷菜单中选择【粘贴】命令，粘贴工序并重命名为YPGBC3，如图6-131所示。

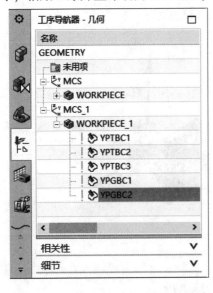
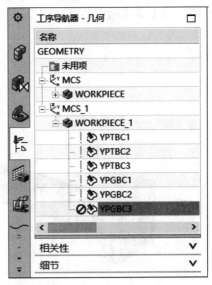

图6-131　复制、粘贴工序

2. 设置曲面偏置

在【可变轮廓铣】对话框【驱动方式】组框的【方法】下拉列表中选取"曲面区域"，系统弹出【曲面区域驱动方法】对话框，【曲面偏置】为"0.5"，如图 6 - 132 所示。

图 6 - 132 【曲面区域驱动方法】对话框

3. 生成刀具路径并验证

(1) 在【工序】对话框中完成参数设置后，单击该对话框底部【操作】组框中的【生成】按钮 ，可生成该操作的刀具路径，如图 6 - 133 所示。

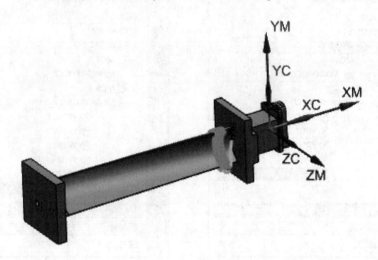

图 6 - 133 生成刀具路径

（2）单击【可变轮廓铣】对话框中的【确定】按钮，接受刀具路径，并关闭【可变轮廓铣】对话框。

6.2.4.9　创建叶片气道可变轴曲面轮廓铣粗加工刀路 I

1. 创建可变轴曲面轮廓铣工序

（1）单击【加工创建】工具栏上的【创建工序】按钮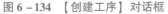，弹出【创建工序】对话框。在【类型】下拉列表中选择"mill_multi‑axis"，【工序子类型】选择第 1 行第 1 个图标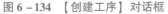（VARIABLE_CONTOUR），【程序】选择"NC_PROGRAM"，【刀具】选择"NONE"，【几何体】选择"WORKPIECE_1"，【方法】选择"METHOD"，【名称】为"YPQDC1"，如图 6 ‑134 所示。

（2）单击【确定】按钮，弹出【可变轮廓铣】对话框，如图 6 ‑135 所示。

图 6 ‑134　【创建工序】对话框

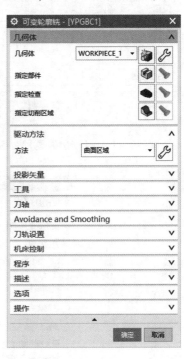

图 6 ‑135　【可变轮廓铣】对话框

2. 创建圆角刀 T5D25R5

（1）单击【工序】选项中的【新建】按钮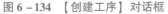，弹出【新建刀具】对话框。在【类型】下拉列表中选择"mill_multi‑axis"，【刀具子类型】选择【MILL】图标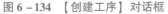，在【名称】文本框中输入"T5D25R5"，如图 6 ‑136 所示。

（2）在【铣刀 ‑5 参数】对话框中设定【直径】为"25"，【下半径】为"5"，【刀具号】为"5"，如图 6 ‑137 所示。单击【确定】按钮，完成刀具创建。

3. 选择驱动方法

（1）在【可变轮廓铣】对话框【驱动方式】组框的【方法】下拉列表中选取"曲面区域"，系统弹出【曲面区域驱动方法】对话框，如图 6 ‑138 所示。

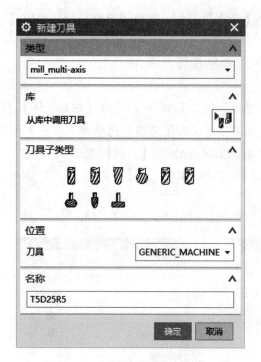

图 6 – 136 【新建刀具】对话框

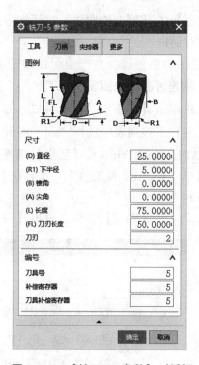

图 6 – 137 【铣刀 – 5 参数】对话框

图 6 – 138 【曲面区域驱动方法】对话框

（2）在【驱动几何体】组框中单击【指定驱动几何体】选项后的【选择或编辑驱动几何体】按钮，弹出【驱动几何体】对话框，选择如图 6 – 139 所示的 4 个曲面。单击【确定】按钮，返回【曲面区域驱动方法】对话框。

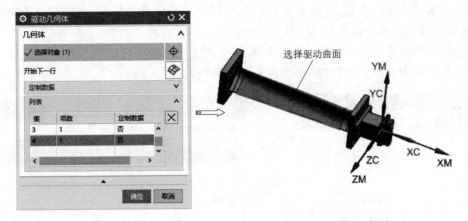

图 6 – 139　选择驱动曲面

（3）在【驱动几何体】组框中单击【指定切削方向】按钮 ，弹出【切削方向确认】对话框，选择如图 6 – 140 所示箭头所指定方向为切削方向，然后单击【确定】按钮，返回【曲面区域驱动方法】对话框。

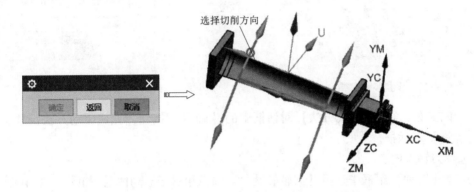

图 6 – 140　选择切削方向

（4）在【驱动几何体】组框中单击【材料反向】按钮 ，确认材料侧方向如图 6 – 141 所示。

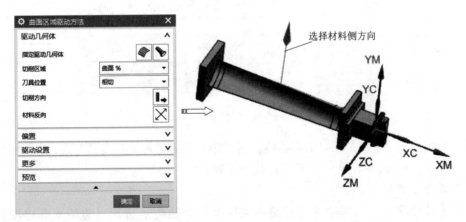

图 6 – 141　设置材料侧方向

（5）设置步距方向参数。【曲面偏置】为"4"，【切削模式】为"螺旋"，【步距】为"残余高度"，【最大残余高度】为"0.3"，如图6-142所示。

（6）设置切削方向参数。在【更多】组框中选择【切削步长】为"数量"，【第一刀切削】和【最后一刀切削】为"50"，如图6-143所示。

图6-142 设置步距参数

图6-143 设置切削方向参数

（7）单击【曲面区域驱动方法】对话框中的【确定】按钮，完成驱动方法设置，返回【可变轮廓铣】对话框。

4.选择刀轴方向

（1）在【刀轴】组框中选择【刀轴】为"4轴，相对于驱动体"，如图6-144所示。

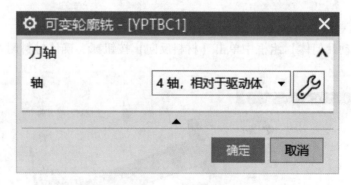

图6-144 选择刀轴方式

（2）系统弹出【4轴，相对于驱动体】对话框，【指定矢量】为"XC"，【前倾角】为"20"，如图6-145所示，单击【确定】按钮完成。

5.设置进给参数

单击【刀轨设置】组框中的【进给率和速度】按钮，弹出【进给率和速度】对话框。设置【主轴转速】为2 000 r/min，进给率【切削】为"1 000"，单位为"毫米/分钟

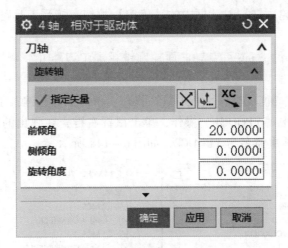

图 6 – 145 【4 轴，相对于驱动体】对话框

（mm/min）"，其他参数设置如图 6 – 146 所示。

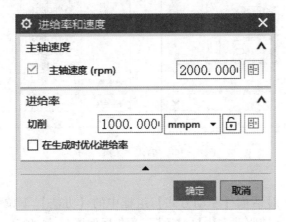

图 6 – 146 【进给率和速度】对话框

6. 生成刀具路径并验证

（1）在【工序】对话框中完成参数设置后，单击该对话框底部【操作】组框中的【生成】按钮，可生成该操作的刀具路径，如图 6 – 147 所示。

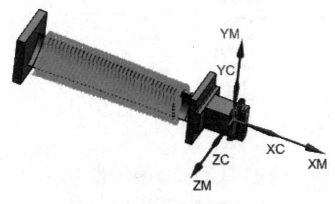

图 6 – 147 生成刀具路径

（2）单击【可变轮廓铣】对话框中的【确定】按钮，接受刀具路径，并关闭【可变轮廓铣】对话框。

6.2.4.10 创建叶片气道可变轴曲面轮廓铣粗加工刀路Ⅱ

1. 复制创建工序

在【工序导航器】窗口选择"YPQDC1"操作，单击鼠标右键，在弹出的快捷菜单中选择【复制】命令，选中"YPQDC1"操作，单击鼠标右键，在弹出的快捷菜单中选择【粘贴】命令，粘贴工序并重命名为YPQDC2，如图6-148所示。

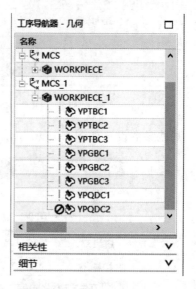

图6-148　复制、粘贴工序

2. 设置曲面偏置

在【可变轮廓铣】对话框【驱动方式】组框中的【方法】下拉列表中选取"曲面区域"，系统弹出【曲面区域驱动方法】对话框，【曲面偏置】为"2"，如图6-149所示。

图6-149　【曲面区域驱动方法】对话框

3. 生成刀具路径并验证

（1）在【工序】对话框中完成参数设置后，单击该对话框底部【操作】组框中的【生成】按钮，可生成该操作的刀具路径，如图6–150所示。

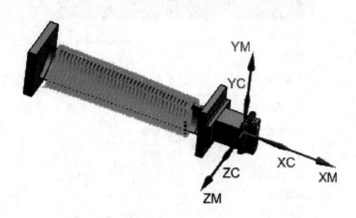

图6–150　生成刀具路径

（2）单击【可变轮廓铣】对话框中的【确定】按钮，接受刀具路径，并关闭【可变轮廓铣】对话框。

6.2.4.11　创建叶片气道可变轴曲面轮廓铣粗加工刀路Ⅲ

1. 复制创建工序

在【工序导航器】窗口选择"YPQDC2"操作，单击鼠标右键，在弹出的快捷菜单中选择【复制】命令，选中"YPQDC2"操作，单击鼠标右键，在弹出的快捷菜单中选择【粘贴】命令，粘贴工序并重命名为YPQDC3，如图6–151所示。

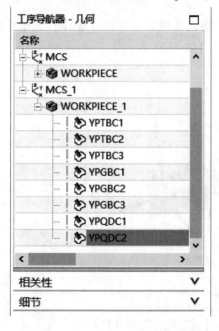 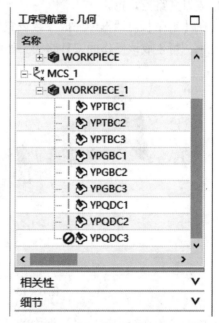

图6–151　复制、粘贴工序

2. 设置曲面偏置

在【可变轮廓铣】对话框【驱动方式】组框中的【方法】下拉列表中选取"曲面区域"，系统弹出【曲面区域驱动方法】对话框，【曲面偏置】为"0.5"，如图6-152所示。

图6-152 【曲面区域驱动方法】对话框

3. 生成刀具路径并验证

（1）在【工序】对话框中完成参数设置后，单击该对话框底部【操作】组框中的【生成】按钮，可生成该操作的刀具路径，如图6-153所示。

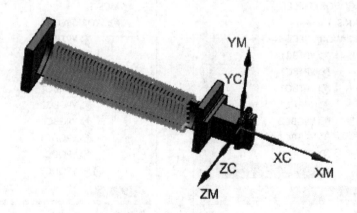

图6-153 生成刀具路径

（2）单击【可变轮廓铣】对话框中的【确定】按钮，接受刀具路径，并关闭【可变轮廓铣】对话框。

6.2.5 创建叶片精加工

6.2.5.1 创建叶片气道可变轴曲面轮廓铣精加工刀路

1. 复制创建工序

在【工序导航器】窗口选择"YPQDC3"操作，单击鼠标右键，在弹出的快捷菜单中选择【复制】命令，选中"YPQDC3"操作，单击鼠标右键，在弹出的快捷菜单中选择【粘贴】命令，粘贴工序并重命名为 YPQDJ，如图 6 – 154 所示。

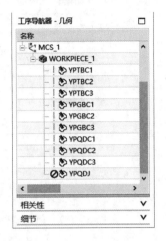

图 6 – 154　复制、粘贴工序

2. 创建圆角刀 T6D20R5

（1）单击【工序】选项中的【新建】按钮，弹出【新建刀具】对话框。在【类型】下拉列表中选择"mill_multi – axis"，【刀具子类型】选择【MILL】图标，在【名称】文本框中输入"T6D20R5"，如图 6 – 155 所示。单击【确定】按钮，弹出【铣刀 – 5 参数】对话框。

（2）在【铣刀 – 5 参数】对话框中设定【直径】为"20"，【下半径】为"5"，【刀具号】为"6"，如图 6 – 156 所示。单击【确定】按钮，完成刀具创建。

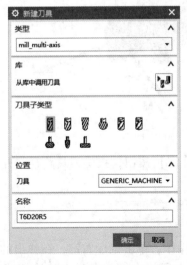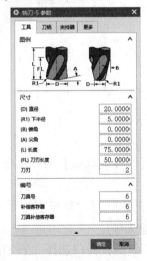

图 6 – 155　【新建刀具】对话框　　　图 6 – 156　【铣刀 – 5 参数】对话框

3. 设置曲面偏置

在【可变轮廓铣】对话框【驱动方式】组框的【方法】下拉列表中选取"曲面区域"，系统弹出【曲面区域驱动方法】对话框，【曲面偏置】为"0"，【最大残余高度】为0.005，如图6-157所示。

图6-157　【曲面区域驱动方法】对话框

4. 生成刀具路径并验证

（1）在【工序】对话框中完成参数设置后，单击该对话框底部【操作】组框中的【生成】按钮，可生成该操作的刀具路径，如图6-158所示。

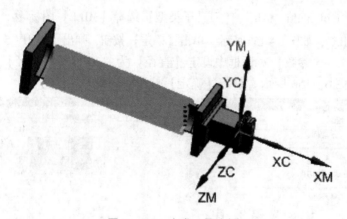

图6-158　生成刀具路径

（2）单击【可变轮廓铣】对话框中的【确定】按钮，接受刀具路径，并关闭【可变轮廓铣】对话框。

6.2.5.2　创建叶片头部可变轴曲面轮廓铣精加工刀路

1. 复制创建工序

在【工序导航器】窗口选择"YPTBC3"操作，单击鼠标右键，在弹出的快捷菜单中选择【复制】命令，选中"YPTBC3"操作，单击鼠标右键，在弹出的快捷菜单中选择【粘贴】命令，粘贴工序并重命名为 YPTBJ，如图 6-159 所示。

 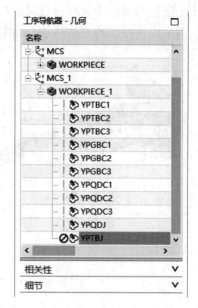

图 6-159　复制、粘贴工序

2. 设置曲面偏置

在【可变轮廓铣】对话框【驱动方式】组框的【方法】下拉列表中选取"曲面区域"，系统弹出【曲面区域驱动方法】对话框，【曲面偏置】为"0"，如图 6-160 所示。

图 6-160　【曲面区域驱动方法】对话框

3. 生成刀具路径并验证

（1）在【工序】对话框中完成参数设置后，单击该对话框底部【操作】组框中的【生成】按钮，可生成该操作的刀具路径，如图 6－161 所示。

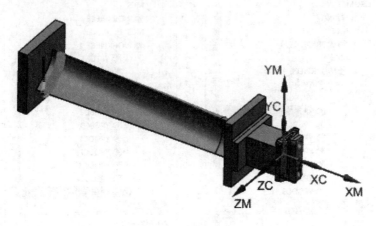

图 6－161　生成刀具路径

（2）单击【可变轮廓铣】对话框中的【确定】按钮，接受刀具路径，并关闭【可变轮廓铣】对话框。

6.2.5.3　创建叶片根部可变轴曲面轮廓铣精加工刀路

1. 复制创建工序

在【工序导航器】窗口选择"YPGBC3"操作，单击鼠标右键，在弹出的快捷菜单中选择【复制】命令，选中"YPGBC3"操作，单击鼠标右键，在弹出的快捷菜单中选择【粘贴】命令，粘贴工序并重命名为 YPGBJ，如图 6－162 所示。

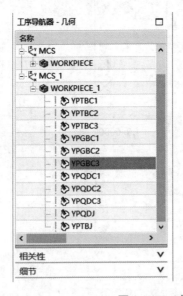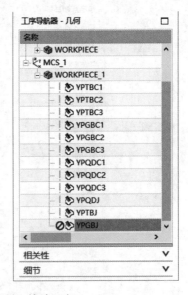

图 6－162　复制、粘贴工序

2. 设置曲面偏置

在【可变轮廓铣】对话框【驱动方式】组框的【方法】下拉列表中选取"曲面区域"，

系统弹出【曲面区域驱动方法】对话框,【曲面偏置】为"0",如图 6 – 163 所示。

图 6 –163 【曲面区域驱动方法】对话框

3. 生成刀具路径并验证

(1) 在【工序】对话框中完成参数设置后,单击该对话框底部【操作】组框中的【生成】按钮 ☞,可生成该操作的刀具路径,如图 6 – 164 所示。

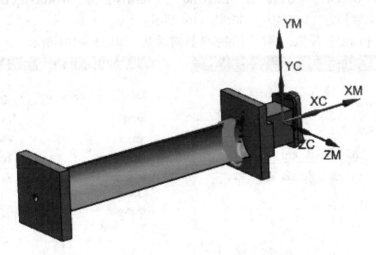

图 6 –164　生成刀具路径

(2) 单击【可变轮廓铣】对话框中的【确定】按钮,接受刀具路径,并关闭【可变轮廓铣】对话框。

6.2.6　创建叶根与叶缘精加工

6.2.6.1　创建叶根底壁铣削精加工刀路 I

1. 设置当前图层

(1) 在功能区单击【视图】选项卡【可见性】组中的【图层设置】按钮 🐾,弹出【图层设置】对话框，设置图层 3 为当前图层，如图 6 – 165 所示。

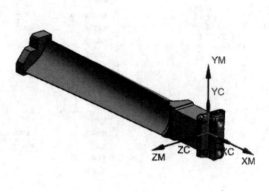

图 6 – 165　显示加工辅助实体

2. 创建底壁铣加工

（1）单击【主页】选项卡【插入】组中的【创建工序】按钮 ，弹出【创建工序】对话
框，【类型】为 "mill_planar"，【工序子类型】为第 1 行第 1 个图标 （FLOOR_WALL），【程
序】为 "NC_PROGRAM"，【刀具】为 "T2D32R6"，【几何体】为 "WORKPIECE"，【方法】为
"MEHTOD"，【名称】为 "YGPMJ1"，如图 6 – 166 所示。

（2）单击【确定】按钮，弹出【底壁铣】对话框，如图 6 – 167 所示。

图 6 – 166　【创建工序】对话框　　　　　图 6 – 167　【底壁铣】对话框

3. 选择部件几何

单击【指定或编辑部件几何体】按钮 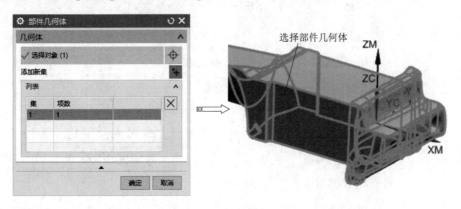，弹出【部件几何体】对话框，选择如图 6 – 168 所示的实体。单击【确定】按钮，返回【部件几何体】对话框。

图 6 – 168　选择部件几何体

4. 选择切削区域

单击【几何体】组框中【指定切削区域】选项后的【选择或编辑切削区域】按钮 ，弹出【切削区域】对话框。在图形区选择如图 6 – 169 所示的 1 个平面作为切削区域，单击【确定】按钮完成。

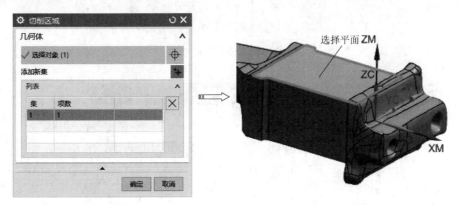

图 6 – 169　选择切削区域

5. 选择切削模式和设置切削用量

在【刀轨设置】组框中【切削模式】为"往复"，【步距】为"恒定"，【最大距离】为"50"，【每刀切削深度】为"0"，如图 6 – 170 所示。

6. 设置切削速度

单击【刀轨设置】组框中的【进给率和速度】按钮 ，弹出【进给率和速度】对话框。设置【主轴速度】为 2 000 r/min，进给率【切削】为"1 000"，单位为"毫米/分钟（mm/min）"，其他接受默认设置，如图 6 – 171 所示。

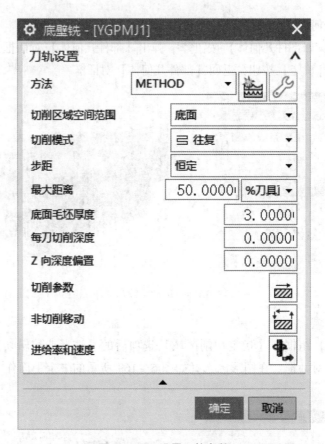

图 6 – 170 设置刀轨参数

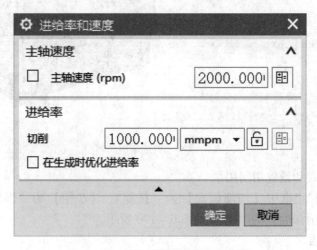

图 6 – 171 【进给率和速度】对话框

7. 生成刀具路径并验证

(1) 单击该对话框底部【操作】组框中的【生成】按钮 ![btn]，可在操作对话框下生成刀具路径，如图 6 – 172 所示。

(2) 单击【确定】按钮，返回【底壁铣】对话框，然后单击【确定】按钮，完成加工操作。

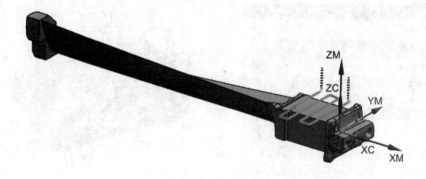

图 6 - 172　生成刀具路径

6.2.6.2　创建叶根底壁铣削精加工刀路 Ⅱ

1. 复制创建工序

在【工序导航器】窗口选择"YGPMJ1"操作，单击鼠标右键，在弹出的快捷菜单中选择【复制】命令，选中"YGPMJ1"操作，单击鼠标右键，在弹出的快捷菜单中选择【粘贴】命令，粘贴工序并重命名为 YGPMJ2，如图 6 - 173 所示。

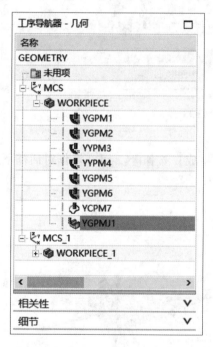

图 6 - 173　复制、粘贴工序

2. 选择切削区域

在【工序导航器】窗口中双击操作，弹出【底壁铣】对话框，单击【几何体】组框中【指定切削区域】选项后的【选择或编辑切削区域】按钮，弹出【切削区域】对话框。在图形区选择如图 6 - 174 所示的 1 个平面作为切削区域，单击【确定】按钮完成。

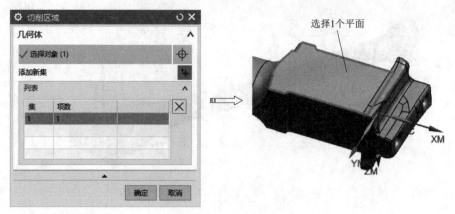

图 6 – 174　选择切削区域

3. 重新选择刀具

在【工具】选项中选择【刀具】为"T1D40"，如图 6 – 175 所示。

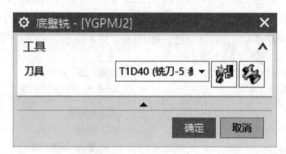

图 6 – 175　重新选择刀具

4. 生成刀具路径并验证

（1）单击该对话框底部【操作】组框中的【生成】按钮 ，可在操作对话框下生成刀具路径，如图 6 – 176 所示。

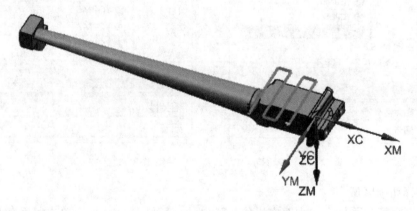

图 6 – 176　刀具路径和实体切削验证

（2）单击【确定】按钮，返回【底壁铣】对话框，然后单击【确定】按钮，完成加工操作。

6.2.6.3 创建叶根底壁铣削精加工刀路Ⅲ

1. 复制创建工序

在【工序导航器】窗口选择"YGPMJ2"操作，单击鼠标右键，在弹出的快捷菜单中选择【复制】命令，选中"YGPMJ2"操作，单击鼠标右键，在弹出的快捷菜单中选择【粘贴】命令，粘贴工序并重命名为 YGPMJ3，如图 6 – 177 所示。

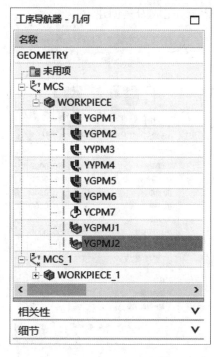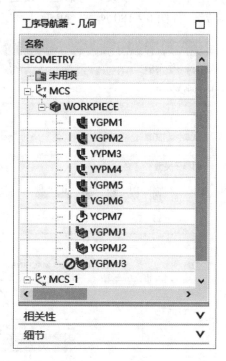

图 6 – 177　复制、粘贴工序

2. 选择切削区域

在【工序导航器】窗口中双击操作，弹出【底壁铣】对话框，单击【几何体】组框中【指定切削区域】选项后的【选择或编辑切削区域】按钮，弹出【切削区域】对话框。在图形区选择如图 6 – 178 所示的 2 个平面作为切削区域，单击【确定】按钮完成。

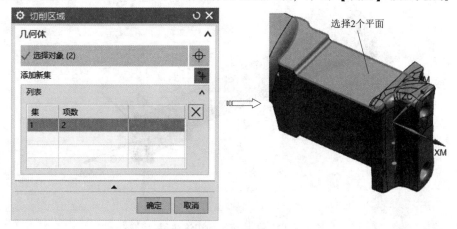

图 6 – 178　选择切削区域

3. 创建圆角刀 T7D30R3

（1）单击【工具】选项中的【新建】按钮 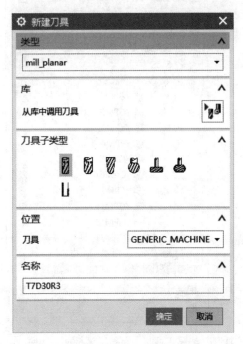，弹出【新建刀具】对话框。【类型】为 "mill_planar"，【刀具子类型】选择【MILL】图标 ，在【名称】文本框中输入 "T7D30R3"，如图 6 – 179 所示。单击【确定】按钮，弹出【铣刀 – 5 参数】对话框。

（2）在【铣刀 – 5 参数】对话框中设定【直径】为 "30"，【下半径】为 "3"，【刀具号】为 "7"，如图 6 – 180 所示。单击【确定】按钮，完成刀具创建。

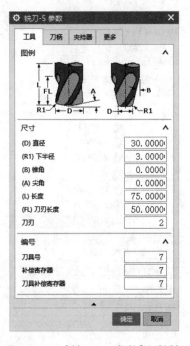

图 6 – 179　【新建刀具】对话框　　　图 6 – 180　【铣刀 – 5 参数】对话框

4. 生成刀具路径并验证

（1）单击该对话框底部【操作】组框中的【生成】按钮 ，可在操作对话框下生成刀具路径，如图 6 – 181 所示。

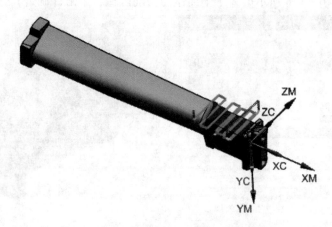

图 6 – 181　刀具路径和实体切削验证

（2）单击【确定】按钮，返回【底壁铣】对话框，然后单击【确定】按钮，完成加工操作。

6.2.6.4 创建叶根底壁铣削精加工刀路Ⅳ

1. 复制创建工序

在【工序导航器】窗口选择"YGPMJ3"操作，单击鼠标右键，在弹出的快捷菜单中选择【复制】命令，选中"YGPMJ3"操作，单击鼠标右键，在弹出的快捷菜单中选择【粘贴】命令，粘贴工序并重命名为 YGPMJ4，如图 6-182 所示。

 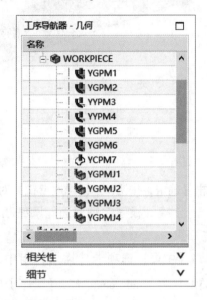

图 6-182　复制、粘贴工序

2. 选择切削区域

在【工序导航器】窗口中双击操作，弹出【底壁铣】对话框，单击【几何体】组框中【指定切削区域】选项后的【选择或编辑切削区域】按钮，弹出【切削区域】对话框。在图形区选择如图 6-183 所示的 2 个平面作为切削区域，单击【确定】按钮完成。

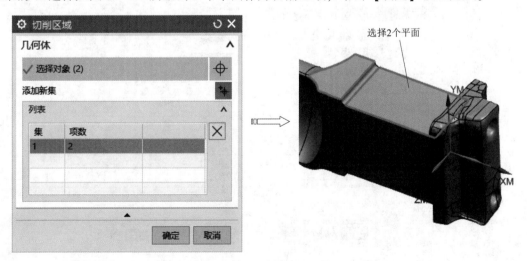

图 6-183　选择切削区域

3. 生成刀具路径并验证

（1）单击该对话框底部【操作】组框中的【生成】按钮 ，可在操作对话框下生成刀具路径，如图 6 – 184 所示。

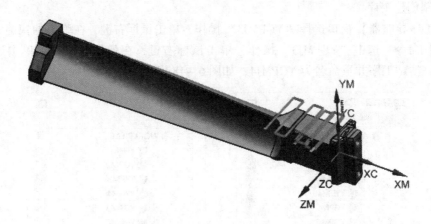

图 6 – 184　刀具路径和实体切削验证

（2）单击【确定】按钮，返回【底壁铣】对话框，然后单击【确定】按钮，完成加工操作。

6.2.6.5　创建叶根固定轴曲面轮廓铣粗加工刀路

1. 创建工序

（1）单击【主页】选项卡【插入】组中的【创建工序】按钮 ，弹出【创建工序】对话框。【类型】为"mill_contour"，【工序子类型】为选择第 2 行第 2 个图标 （FIXED_CONTOUR），【程序】为"NC_PROGRAM"，【刀具】为"NONE"，【几何体】为"WORKPIECE"，【方法】为"METHOD"，【名称】为"YGPMJ5"，如图 6 – 185 所示。

（2）单击【确定】按钮，弹出【固定轮廓铣】对话框，如图 6 – 186 所示。

图 6 – 185　【创建工序】对话框

图 6 – 186　【固定轮廓铣】对话框

2. 创建球刀 T8B12

（1）单击【工序】选项中的【新建】按钮，弹出【新建刀具】对话框。在【类型】下拉列表中选择"mill_contour"，【刀具子类型】选择【MILL】图标，在【名称】文本框中输入"T8B12"，如图 6－187 所示。单击【确定】按钮，弹出【铣刀－5 参数】对话框。

（2）在【铣刀－5 参数】对话框中设定【直径】为"12"，【下半径】为"6"，【刀具号】为"8"，如图 6－188 所示。单击【确定】按钮，完成刀具创建。

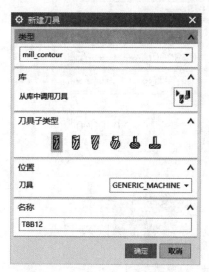 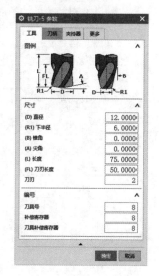

图 6－187　【新建刀具】对话框　　图 6－188　【铣刀－5 参数】对话框

3. 选择部件几何

单击【指定或编辑部件几何体】按钮，弹出【部件几何体】对话框，选择如图 6－189 所示的 6 个曲面。单击【确定】按钮，返回【部件几何体】对话框。

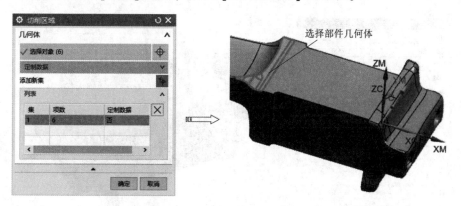

图 6－189　选择部件几何体

4. 选择驱动方法并设置驱动参数

（1）在【驱动方式】组框的【方法】下拉列表中选取"区域铣削"，弹出【区域铣削驱动方法】对话框，设置【非陡峭切削模式】为"往复"，【切削方向】为"逆铣"，【步距】为"恒定"，如图 6－190 所示。

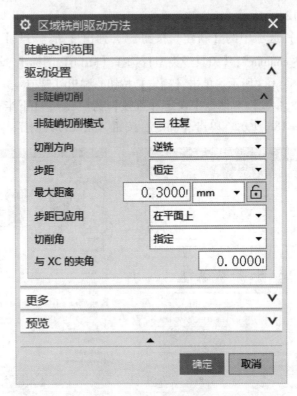

图 6-190 【区域铣削驱动方法】对话框

（2）单击【确定】按钮，完成驱动方法设置，返回【固定轮廓铣】对话框。

5. 选择刀轴方向

在【刀轴】选项中【轴】为"指定矢量"，选择如图 6-191 所示的平面法线作为刀轴方向。

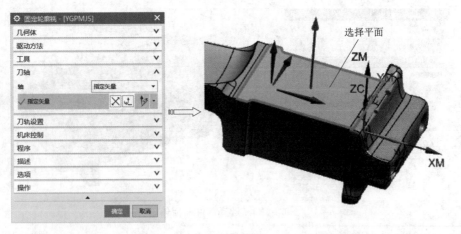

图 6-191 选择刀轴方向

6. 设置进给率和速度

单击【刀轨设置】组框中的【进给率和速度】按钮🔧，弹出【进给率和速度】对话框。设置【主轴速度】为 2 000 r/min，进给率【切削】为 "1 000"，单位为 "毫米/分钟

（mm/min）"，其他接受默认设置，如图 6 – 192 所示。

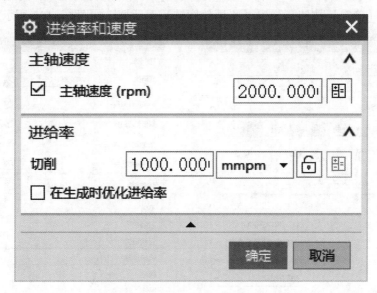

图 6 – 192 【进给率和速度】对话框

7. 生成刀具路径并验证

（1）在【工序】对话框中完成参数设置后，单击该对话框底部【操作】组框中的【生成】按钮 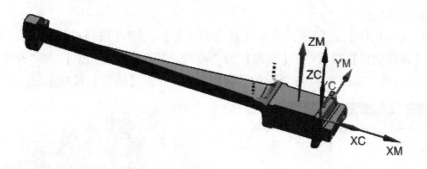，可生成该操作的刀具路径，如图 6 – 193 所示。

图 6 – 193 生成刀具路径和实体切削验证

（2）单击【固定轮廓铣】对话框中的【确定】按钮，接受刀具路径，并关闭【固定轮廓铣】对话框。

6.2.6.6 创建平面轮廓铣精加工刀路

单击上边框条【工序导航器组】上的【几何视图】按钮 ，将【工序导航器】切换到几何视图显示。

1. 创建工序

（1）单击【插入】组中的【创建工序】按钮 ，弹出【创建工序】对话框。在【类型】下拉列表中选择 "mill_planar"，【工序子类型】选择第 1 行第 6 个图标 （PLANAR_PROFILE），【程序】选择 "NC_PROGRAM"，【刀具】选择 "T1D40"，【几何体】选择

"WORKPIECE"，【方法】选择"METHOD"，【名称】为"YGDJ6"，如图 6 – 194 所示。

（2）单击【确定】按钮，弹出【平面轮廓铣】对话框，如图 6 – 195 所示。

图 6 – 194 【创建工序】对话框　　　　　图 6 – 195 【平面轮廓铣】对话框

2. 创建边界几何

（1）在【几何体】组框中，单击【指定面边界】后的【选择或编辑面几何体】按钮，弹出【部件边界】对话框，【模式】为"曲线/边"，【边界类型】为"开放"，【刀具侧】为"左"，选择如图 6 – 196 所示的平面和边线，单击【确定】按钮返回。

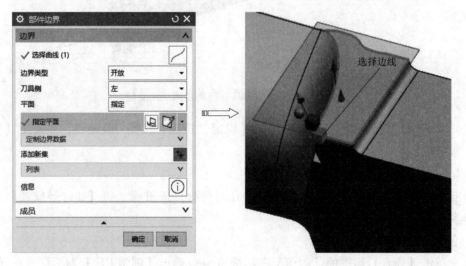

图 6 – 196 选择边线

（2）在【几何体】组框中，单击【指定底面】后的【选择或编辑底平面几何体】按钮

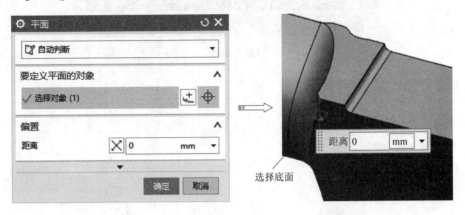，弹出【平面】对话框，选择如图 6 – 197 所示的腔槽底面，单击【确定】按钮返回。

图 6 – 197　选择底面

3. 选择刀轴方向

在【刀轴】选项中【轴】为"指定矢量"，选择如图 6 – 198 所示的平面法线作为刀轴方向。

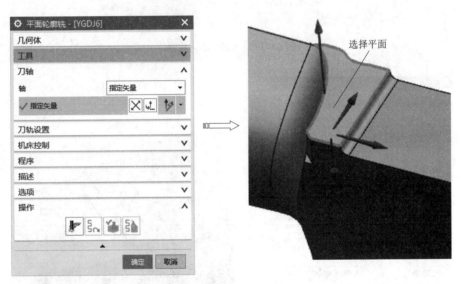

图 6 – 198　选择刀轴方向

4. 选择切削模式和设置切削用量

在【刀轨设置】组框【切削深度】下拉列表中选择"恒定"，在【公共】文本框中输入"0.5"，如图 6 – 199 所示。

5. 设置非切削参数

单击【刀轨设置】组框中的【非切削移动】按钮，弹出【非切削移动】对话框。

【进刀】选项卡：【进刀类型】为"线性 – 沿矢量"，【长度】为"40%"，选择如图 6 – 200 所示的平面作为矢量方向。

图 6 – 199　设置切削用量

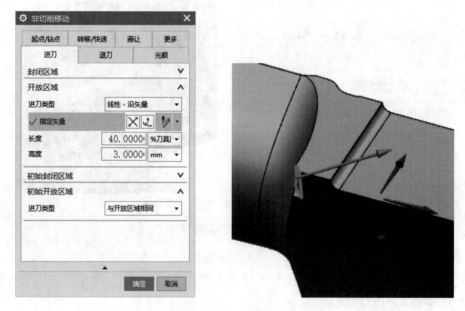

图 6 – 200　设置进刀

【退刀】选项卡：【退刀类型】为"与进刀相同"，其他参数设置如图 6 – 201 所示。

【转移/快速】选项卡：区域内【转移类型】为"前一平面"，其他参数设置如图 6 – 202 所示。

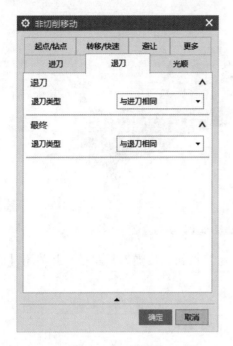

图 6 – 201 设置退刀　　　　　　　　图 6 – 202 设置转移/快进

6. 设置进给率和速度

单击【刀轨设置】组框中的【进给率和速度】按钮，弹出【进给率和速度】对话框。设置【主轴速度】为 2 000 r/min，进给率【切削】为"1 000"，单位为"毫米/分钟（mm/min）"，其他接受默认设置，如图 6 – 203 所示。

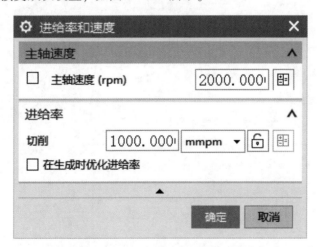

图 6 – 203 【进给率和速度】对话框

7. 生成刀具路径并验证

（1）在【工序】对话框中完成参数设置后，单击该对话框底部【操作】组框中的【生成】按钮，可生成该操作的刀具路径，如图 6 – 204 所示。

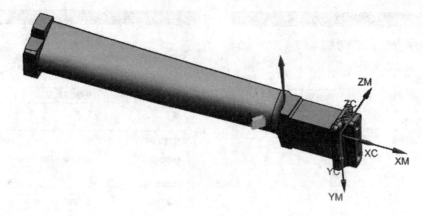

图 6 – 204　生成刀具路径和实体切削验证

（2）单击【固定轮廓铣】对话框中的【确定】按钮，接受刀具路径，并关闭【固定轮廓铣】对话框。

6.3　本章小结

本章通过动叶片实例来具体讲解 NX 多轴（4 轴）数控加工方法和步骤，希望通过本章的学习，使读者掌握 4 轴叶片类零件数控加工的基本应用。